云计算技术实践系列丛书

OpenDaylight Cookbook

Explore how to move from legacy networking to software-defined networking

OpenDaylight应用宝典

从传统网络迁移到软件定义网络指南

[加] Mathieu Lemay | [法] Alexis de Talhouët | [加] Jamie Goodyear
[印度] Rashmi Pujar | [加] Mohamed El-Serngawy | [巴西] Yrineu Rodrigues 著◎

刘志红 肖 力 黄继敏 译◎

電子工業出版社
Publishing House of Electronics Industry
北京・BEIJING

内容简介

OpenDaylight 是一个模块化的开放平台，用于定制任意规模的网络。OpenDaylight 重点关注网络可编程性，适用于现有网络环境中的各种使用场景。

本书有几十个基于场景的演示，介绍使用 OpenDaylight 可以解决的基础案例，包括讨论虚拟用户边缘、动态互连、网络虚拟化、虚拟核心和聚合、意图和策略联网、自定义 OpenDaylight 容器、认证和授权。经典场景的介绍，能帮助读者快速学习和掌握 OpenDaylight 相关知识。

图书在版编目（CIP）数据

OpenDaylight 应用宝典：从传统网络迁移到软件定义网络指南 /（加）马蒂厄·勒梅（Mathieu Lemay）等著；刘志红，肖力，黄继敏译. —北京：电子工业出版社，2019.1
（云计算技术实践系列丛书）
书名原文：OpenDaylight Cookbook

ISBN 978-7-121-35624-7

Ⅰ. ①O…　Ⅱ. ①马…　②刘…　③肖…　④黄…　Ⅲ. ①软件开发—指南　Ⅳ. ①TP311.52-62

中国版本图书馆 CIP 数据核字（2018）第 263114 号

策划编辑：刘志红
责任编辑：徐　静
文字编辑：刘志红
印　　刷：涿州市京南印刷厂
装　　订：涿州市京南印刷厂
出版发行：电子工业出版社
　　　　　北京市海淀区万寿路 173 信箱　邮编　100036
开　　本：787×980　1/16　印张：18.25　字数：321.8 千字
版　　次：2019 年 1 月第 1 版
印　　次：2019 年 1 月第 1 次印刷
定　　价：98.00 元

凡所购买电子工业出版社图书有缺损问题，请向购买书店调换。若书店售缺，请与本社发行部联系，联系及邮购电话：（010）88254888，88258888。

质量投诉请发邮件至 zlts@phei.com.cn，盗版侵权举报请发邮件至 dbqq@phei.com.cn。

本书咨询联系方式：（010）88254479，lzhmails@phei.com.cn。

译者序

2006年，软件定义网络（Software Defined Network，SDN）诞生于美国斯坦福大学，以斯坦福大学 Nick McKeown 教授为首的研究团队提出了 OpenFlow 的概念，后续基于 Openflow 给网络带来可编程的特性，SDN 的概念应运而生。SDN 给网络带来了灵活性及更好的服务质量。

SDN 将控制层面与转发层面分离，网络控制由软件完成。SDN 的网络控制器有多个开源和商业的项目，OpenDaylight（ODL）项目就是其中之一，经过这几年的发展，OpenDaylight 已经是事实上的主流。

OpenDaylight 是由 Linux 基金会管理的开源项目，OpenDaylight 社区由供应商和用户全球协作推动，不断适应业界最广泛的 SDN 和 NFV 使用案例。

根据 OpenDaylight 官网信息，OpenDaylight 拥有超过 1 000 名开发人员、50 个组织成员，并支持全球约 10 亿用户，OpenDaylight 正在快速发展针对用例的集成工具链。OpenDaylight 代码已集成或嵌入 50 多个供应商解决方案和应用程序中，并可用于一系列服务中。OpenDaylight 也是更广泛的开源框架的核心，包括 ONAP、OpenStack 和 OPNFV。

OpenDaylight 是一个模块化的开放平台，用于定制和自动化任意规模的网络。OpenDaylight 重点关注网络可编程性，适用于现有网络环境中的各种使用场景。

OpenDaylight 平台的核心是模型驱动服务抽象层（MD-SAL）。在 OpenDaylight 中，底层网络设备和网络应用程序都表示为对象或模型，其交互在 SAL 内处理。SAL 是代表网络设备和应用的 YANG 模型之间的数据交换和适配机制。YANG 模型提供设备或应用程序功能的一般描述，而不需要知道具体的实现细节。每个组件都被隔离为一个 Karaf 特性，以确保新工作不会被干扰。OpenDaylight 使用 OSGi 和 Maven 构建管理这些 Karaf 功能及其交互的软件包。

本书中有几十个基于场景的演示，介绍使用 OpenDaylight 可以解决的基础案例，包括讨论虚拟用户边缘，它可以通过允许一些访问策略规则将网络实体端点连接到网络，并将它们集成到网络中。动态互连，聚焦在 SDN 环境中建立网络设备之间的动态连接；网络虚拟化，涵盖了 OpenDaylight 提供的网络虚拟化的一些用法；虚拟核心和聚合，重点介绍使用 OpenDaylight SDN 控制器的 BGP 和 PCEP 的基础案例；意图和策略联网，介绍了意图组合网络（NIC）如何提供一些功能，以使控制器能够根据意图管理和引导网络服务和资源；自定义 OpenDaylight 容器，将这些配置分享给网络工程师、系统构建者和集成工程师——这些工程师需要使他们的 OpenDaylight 部署更加紧密地集成到他们的组织中；认证和授权，学习如何使用 OpenDaylight 内置认证和授权功能，以及如何将 OpenDaylight 与现有系统集成。

需要说明的是，OpenDaylight 发展迅速，本书翻译时最新版本是 Oxygen 版，虽然本书中的例子是基于 Beryllium 版的，但是都是经典场景，并不过时，不影响读者对 OpenDaylight 的学习和实践。

最后，感谢本书的作者，分享了极有价值的 OpenDaylight 实践资料，感谢电子工业出版社引进了如此优秀的一本书。在 *OpenDaylight Cookbook* 电子版出版时，出于学习交流的目的，韩卫、邓嘉浩、路君、罗晶、罗莹、孟驰、文杰、陈海、陈建永、黄继敏已翻译了部分章节，在此也感谢他们的付出。本书是纸质版的完整的重新翻译，更有利于全面学习 OpenDaylight。

鉴于译者的知识局限，译文中难免存在某些错误和遗漏，肯请广大读者批评指正。

译　者

2018 年 12 月

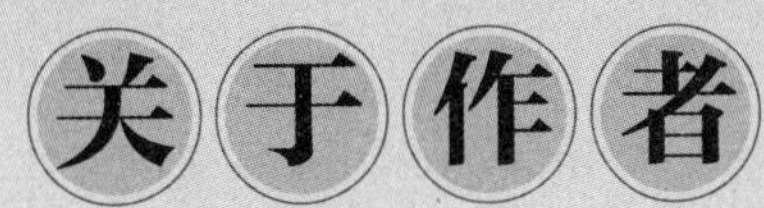

关于作者

Mathieu Lemay 是 Inocybe Technologies 公司的首席执行官（该公司成立于 2005 年），是专注基于 OpenDaylight 的部署解决方案、培训和服务的 SDN 先驱者，曾任部署开放式接入网络的 Civimetrix Telecom 公司的首席技术官。他在信息技术领域拥有 20 多年的经验。10 岁时，他编写 C++、ADA 和 x86 ASM 程序，随后涉足网络，从早期的电子公告板系统到最初的商业互联网。

他拥有电子工程硕士学位，专注于无线和光通信。Inocybe Technologies 公司自 2013 年 6 月以来一直是 OpenDaylight 的成员，Mathieu 目前是其文档和项目的提交者。在担任首席执行官 9 年之后，Mathieu 对企业管理有深入的了解。

Alexis de Talhouët 一直对通过网络传输信息的方式感兴趣。他在计算机科学和网络方面的背景及对新技术的兴趣引导他进入 SDN 研究领域。

Jamie Goodyear 是一名开源提倡者、Apache 开发者，是 Savoir Technologies 公司的计算机系统分析师。他为世界各地的大型组织设计、评估架构。

他拥有纽芬兰纪念大学计算机科学学士学位，曾任系统管理工程师、软件质量保证工程师和高级软件开发工程师等角色，从业经历覆盖了从小型初创公司到国际性公司。他在 Apache Karaf，Servicemix 和 Felix 上获得了提名者地位，并且是 Apache Karaf 的项目管理委员会成员。他的第一本出版物是 Packt 出版社出版的 *Instant OSGi Starter*，随后还有 Packt 出版社出版的 *Learning Apache Karaf* 和 *Apache Karaf Cookbook*。

目前，他将自己的时间用于架构的高级评审，指导开发人员和管理员及 SOA 部署，并帮助发展 OpenDaylight 和 Apache 社区。

致我的未婚妻劳拉，谢谢你一直的支持。

致我的兄弟 Jason，你总是支持我的努力，即使是在电影、游戏之夜。

感谢我的家人和朋友多年来的支持。我还要感谢所有使 OpenDaylight 成为可能的开源社区参与者。

Rashmi Pujar 痴迷于影响当今网络发展的新技术。凭借网络和电信背景，她在

Inocybe Technologies 公司找到了兴趣所在的机会。

Mohamed El-Serngawy 拥有虚拟化平台和安全方面的经验，他对 SDN 和云计算的好奇使他加入了 Inocybe Technologies 公司。他也对软件漏洞和踢英式足球感兴趣。

Yrineu Rodrigues 在软件定义网络方面拥有 3 年的经验，在算法和编程语言方面拥有坚实的背景。他在 SDN 项目上为 Instituto Atlantico 工作，并且是 OpenDaylight 项目（基于意图的网络，Network Intent Composition-NIC）的负责人。

关于审稿者

Pradeeban Kathiravelu 是一位开源的传道者。他是葡萄牙里斯本大学和比利时天主教鲁汶大学的博士研究员。作为 Erasmus Mundus 分布式计算联合学位（EMJD-DC）的研究员，主要研究多租户云服务质量和数据质量的软件定义方法。

他拥有葡萄牙和瑞典皇家理工学院的分布式计算硕士学位（EMDC），还拥有斯里兰卡 Moratuwa 大学计算机科学与工程专业一级工程（荣誉）学士学位。

他的研究兴趣包括软件定义网络（SDN）、分布式系统、云计算、Web 服务、生物医学信息学中的大数据及数据挖掘等。他对开源软件开发非常感兴趣，自 2009 年起，作为学生和导师，一直积极参与谷歌夏季编码计划（Google Summer of Code，GSoC）。

我要感谢我的硕士和博士导师 LuísVeiga 教授，感谢他在我在 Instituto Superior Técnico 五年学习中的不断指导和鼓励。

前　言

OpenDaylight 是一个开源项目，旨在成为网络行业的企业、服务提供商和制造商的通用工具。它提供了一个高度可用的多协议基础架构，适用于构建和管理软件定义网络（SDN）部署，基于模型驱动的服务抽象层，平台具有可扩展性，允许用户创建与各种南向协议和硬件进行通信的应用程序。

换句话说，OpenDaylight 是一个用于解决 SDN 和网络功能虚拟化（NFV）域中的网络相关用例的框架。

本书将会介绍使用 OpenDaylight 可以解决的基本用例。

Mininet 是被广泛使用的网络仿真器，将用于在本书中执行各种各样的配置。在配置之前，需要下载一个可以运行的 Mininet 版本。

本书覆盖了哪些内容

第 1 章，OpenDaylight 基础，讨论 OpenDaylight 平台。该平台的目标是启用 SDN，并为 NFV 创建一个坚实的基础。

第 2 章，虚拟用户边缘，讨论虚拟用户边缘。它可以通过允许一些访问策略规则将网络实体端点连接到网络，并将它们集成到网络中。

第 3 章，动态互连，聚焦在 SDN 环境中建立网络设备之间的动态连接。

第 4 章，网络虚拟化，涵盖了 OpenDaylight 提供的网络虚拟化的一些用法。

第 5 章，虚拟核心和聚合，重点介绍使用 OpenDaylight SDN 控制器的 BGP 和 PCEP 的基本用例。

第 6 章，意图和策略联网，介绍了基于意图的网络（NIC）如何提供一些功能，以使控制器能够根据意图管理和引导网络服务和资源。

第 7 章，自定义 OpenDaylight 容器，将这些配置分享给网络工程师、系统构建者和集成人员——这些人需要使他们的 OpenDaylight 部署更加紧密地集成到组织中。

第 8 章，认证和授权，学习如何使用 OpenDaylight 内置认证和授权功能，以及如何将 OpenDaylight 与现有联合系统（如免费 IPA）集成。

阅读本书需要做什么准备

你需要访问如下链接下载 OpenDaylight 软件的 Beryllium-SR4 发行版：

```
https://www.opendaylight.org/downloads
```

下载 zip 或 tar 包，解压后，通过命令行进入该文件夹，然后就可以开始学习和实践了。

哪些人适合阅读这本书

OpenDaylight 是基于标准协议的开源 SDN 控制器。它旨在加速 SDN 的采用，并为 NFV 打下坚实的基础。通过 90 多个实用案例，本书将帮助读者解决 OpenDaylight 的常见问题，以及完成日常维护任务。

标题

在这本书中，你会发现很多频繁出现的标题（预备条件、操作指南、工作原理、更多信息、参考资料）。

为了方便阅读，本书使用以下栏目标题。

预备条件

本节将告诉你学习当前章节需要提前准备的内容，并介绍如何设置所涉及的软件或选项。

操作指南

本节将介绍学习当前章节所需的操作步骤。

工作原理

本节通常包含对前面“操作指南”里的步骤的详细解释。

更多信息

本节包含学习当前章节的附加信息，以便读者获取更多相关知识。

参考资料

本节提供与当前章节有关的其他有用信息。

文本样式

在本书中，你将看到许多区分不同类型信息的文本样式。以下是这些样式的一些示例，以及其含义的解释。

文本中的代码、数据库表名、文件夹名称、文件名、文件扩展名、路径名、虚拟 URL、用户输入用文本描述，如下所示：“这将列出 MD-SAL 的 opendaylight-inventory 子树下的所有存储 OpenFlow 交换机信息的节点”。

代码块样式如下：

```
<node xmlns="urn:TBD:params:xml:ns:yang:network-topology">
<node-id>new-netconf-device</node-id>
  <host xmlns="urn:opendaylight:netconf-node-topology">127.0.0.1</host>
  <port xmlns="urn:opendaylight:netconf-node-topology">17830</port>
  <username xmlns="urn:opendaylight:netconf-node-topology">admin
</username>
  <password xmlns="urn:opendaylight:netconf-node-topology">admin
</password>
  <tcp-only xmlns="urn:opendaylight:netconf-node-topology">false
</tcp-only>
```

命令行的输入和输出如下表示：

```
$ ./bin/karaf
```

新术语和**重要文字**以粗体显示。软件界面中的文字（例如，对话框或菜单中的文字），在文中的表达方式如下所示：

“如果指示，选中 **Insecure connection** 选项”。

表示重要提示，请读者注意。

提示和技巧。

读者反馈

欢迎读者积极反馈，让我们知道你对这本书的看法——喜欢或不喜欢的内容。读者反馈对我们非常重要，因为它可以帮助我们开发你真正能从中获益的更多主题。

如果你想向我们发送反馈内容，只需发送电子邮件至 feedback@packtpub.com（或 lzhmails@phei.com.cn），并在邮件主题中提及本书的书名。

如果你有专业知识，并且有兴趣撰写书籍，请查阅我们的作者指南，网址为 www.packtpub.com/authors。

客户支持

作为 Packt 图书读者，你拥有以下权益。

下载示例代码

你可以用自己的账户在 `http://www.packtpub.com` 下载本书的示例代码文件。如果你在其他地方购买了这本书，你可以访问 `http://www.packtpub.com/support`，注册，文件将直接通过邮件方式发送给你。

按照以下步骤，可以下载代码文件。

1. 使用你的电子邮件地址和密码登录（或注册）Packt 网站。
2. 将鼠标指针悬停在顶部的 SUPPORT 选项卡上。
3. 点击 Code Downloads & Errata。
4. 在搜索框中输入书名。
5. 选择你要下载代码文件的书。
6. 在下拉菜单中选择你购买本书的途径。
7. 点击 Code Download。

你也可以通过点击 Packt 出版社网站上书籍网页上的 Code Files 按钮来下载代码文件。通过在搜索框中输入书名可以访问该页面。请注意，你需要使用 Packt 账户登录。

下载文件后，请确保使用最新版本的解压缩软件解压缩文件：

- Windows 系统使用 WinRAR / 7-Zip
- Mac 系统使用 Zipeg / iZip / UnRarX
- Linux 系统使用 7-Zip / PeaZip

本书的代码包也会在 GitHub 上托管，地址是 `https://github.com/PacktPublishing/OpenDaylight-Cookbook`。我们还可提供其他书籍和视频配套代码，地址是 `https://github.com/PacktPublishing`。

下载本书的彩色图像

本书提供英文原版 PDF 文件，其中包含本书中使用的屏幕截图、图表的彩色图像。

彩色图像将帮助你更好地理解图书内容。

你可以从下面的地址下载这个文件：

https://www.packtpub.com/sites/default/files/down loads/OpenDaylightCookbook_ColorImages.pdf

勘误表

虽然我们已尽全力确保内容的准确性，但不可避免会有一些错误。如果你在这本书中发现了错误，可以向我们报告，不管是文本中的错误，还是代码的错误，我们都会很感激。这样做，你可以节省其他读者勘误的时间，并帮助我们改进本书的后续版本。如果你发现任何错误，请通过访问 http://www.packtpub.com/submit-errata 来报告。选择书籍，点击 ErrataSubmissionForm 链接，然后输入勘误详细信息。一旦你的勘误得到验证和提交，勘误将被上传到 Packt 网站，添加到该书的勘误表中。

要查看以前提交的勘误表，请转至 https://www.packtpub.com/books/content/support。你可以在搜索字段中输入书名，查询相应的勘误表信息。

反盗版声明

互联网上受版权保护的作品的盗版问题是所有媒体持续关注的问题。在 Packt，我们非常重视版权保护。如果你在互联网上发现任何非法复制的作品，请立即向我们提供地址或网站名称，以便我们进行处理。

请通过 copyright@packtpub.com 与我们联系，并提供可疑盗版材料的链接。

感谢你的帮助，版权保护将能帮助我们持续为读者奉献更多、更有价值的内容。

问题

如果你对本书的任何方面有疑问，可以通过 questions@packtpub.com 与我们联系，我们将尽最大努力解决问题。

OpenDaylight 基础

OpenDaylight 是一个由网络行业领导者支持的协作平台，托管在 Linux 基金会。该平台的目标是实现**软件定义网络（SDN）**，并为**网络功能虚拟化（NFV）**创建一个坚实的基础。

在本章中，我们将涉及以下配置：

- 连接 OpenFlow 交换机；
- 挂载一个 NETCONF 设备；
- 使用 YANGUI 浏览数据模型；
- 基本分布式交换；
- 使用 LACP 绑定链路；
- 更改用户认证；
- OpenDaylight 集群。

内容概要

OpenDaylight 是一个开源项目，旨在成为网络行业的企业、服务提供商和制造商的通用工具。它提供了一个高度可用的多协议基础架构，适用于构建和管理软件定义网络（SDN）部署。基于模型驱动的服务抽象层，平台具有可扩展性，并允许用户创建与各种南向协议和硬件进行通信的应用程序。

换句话说，OpenDaylight 是一个用于解决 SDN 和网络功能虚拟化（NFV）域中的网络相关用例的框架。

可以用下面的链接下载 OpenDaylight 软件，选择 Beryllium-SR4 发行版：

```
https://www.opendaylight.org/downloads
```

下载 zip 或 tarball，解压后，通过命令行进入该文件夹，然后就可以开始使用本书中的配置了。

本章的配置将介绍使用 OpenDaylight 可以解决的基础案例。

学习本书的基础案例，需要一个网络模拟器 Mininet 来执行各种配置。

在使用配置之前，作为一项要求，需要准备一个能运行的 Mininet 版本。为此，请按照 Mininet 文档中介绍的步骤下载模拟器：

```
http://mininet.org/download/
```

REST API 权限，用户：admin，密码：admin。

连接 OpenFlow 交换机

OpenFlow 是一个与供应商无关的标准通信接口，用于定义 SDN 架构的控制平面和转发平面通道之间的交互。OpenFlowPlugin 项目旨在支持 OpenFlow 规范。它目前支持 OpenFlow 1.0 和 1.3.2 版本。此外，为了支持核心 OpenFlow 规范，OpenDaylight Beryllium 还包括对表类型和 OF-CONFIG 规范的初步支持。

OpenFlow 南向插件目前提供以下组件：

- 流管理；
- 组管理；
- 仪表盘管理；
- 统计查询。

下面将 OpenFlow 交换机连接到 OpenDaylight。

预备条件

配置需要一个 OpenFlow 交换机。如果你没有，可以使用安装了 OvS 的 Mininet-

VM 虚拟机镜像。你可以从以下网站下载 Mininet-VM：

https://github.com/mininet/mininet/wiki/Mininet-VM-Images

任何版本应该都可以工作。

下面的配置使用的是安装了 OvS 2.0.2 的 Mininet-VM 虚拟机镜像。

操作指南

执行以下步骤。

1．使用 karaf 脚本启动 OpenDaylight 发行版。使用这个脚本可以访问 Karaf CLI 命令行：

```
$ ./bin/karaf
```

2．安装面向用户的功能，负责引入连接 OpenFlow 交换机所需的所有依赖关系：

```
opendaylight-user@root>feature:install odl-openflo-wplugin-all
```

完成安装可能需要一分钟。

3．连接 OpenFlow 交换机到 OpenDaylight。

正如“预备条件”部分所述，我们将使用 Mininet-VM 作为 OpenFlow 交换机，此虚拟机运行 OpenVSwitch 的一个实例。

- 使用下面的用户名和密码进入 Mininet-VM 虚拟机：
  - 用户名：mininet
  - 密码：mininet
- 创建一个桥：

```
mininet@mininet-vm:~$ sudo ovs-vsctl add-br br0
```

- 用控制器的 br0 连接到 OpenDaylight：

```
mininet@mininet-vm:~$ sudo ovs-vsctl set-controller br0 tcp: ${CONT
ROLLER_IP}:6633
```

- 拓扑如下所示：

```
mininet@mininet-vm:~$ sudo ovs-vsctl show
0b8ed0aa-67ac-4405-af13-70249a7e8a96
  Bridge "br0"
    Controller "tcp: ${CONTROLLER_IP}:6633"
      is_connected: true
    Port "br0"
```

```
            Interface "br0"
                type: internal
    ovs_version: "2.0.2"
```

${CONTROLLER_IP}是运行 OpenDaylight 主机的 IP 地址。

我们建立了一个 TCP 连接。为了进一步加密连接，应该使用 TLS 协议。但是，这超出了本书的讨论范围。

4. 确认创建的 OpenFlow 节点。

一旦 OpenFlow 交换机连接成功，发送下面的请求获取交换机信息。

- 方法：GET
- 头部信息：

  Authorization: Basic YWRtaW46YWRtaW4=
- URL：

  http://localhost:8181/restconf/operational/opendaylight-inve ntory:nodes/

这将列出 opendaylight-inventory 子树下的所有节点，存储 OpenFlow 交换机信息的 MD-SAL。当我们连接第一个交换机时，应该只有一个节点。它将包含 OpenFlow 交换机所具有的所有信息，包括表、端口、流量统计等。

工作原理

一旦安装了该功能，OpenDaylight 将监听 6633 和 6640 端口上的连接。在具有 OpenFlow 功能的交换机上设置的控制器将立即在 OpenDaylight 上触发回叫信号。它将在交换机和 OpenDaylight 之间创建通信管道，以便它们可以以可扩展和非阻塞的方式进行通信。

挂载 NETCONF 设备

负责连接远程 NETCONF 设备的 OpenDaylight 组件称为 NETCONF 南向插件，即 netconf-connector。创建 netconf-connector 的一个实例连接 NETCONF 设备。NETCONF 设备将被视为 MD-SAL 中的一个挂载点，展现设备配置和操作数据存储及其功能。这些挂载点允许应用程序和远程用户（通过 RESTCONF）与挂载的设备交互。

netconf-connector 目前支持 RFC-6241，RFC-5277 和 RFC-6022。

下面将解释如何将 NETCONF 设备连接到 OpenDaylight。

预备条件

这项配置需要一个 NETCONF 设备。如果你没有，可以使用 OpenDaylight 提供的 NETCONF 测试工具。它可以从 OpenDaylight Nexus 存储库下载：

https://nexus.opendaylight.org/content/repositories/opendaylight.release/org/op endaylight/netconf/netconf-testtool/1.0.4-Beryllium-SR4/netconf-testtool-1.0.4Beryllium-SR4-executable.jar

操作指南

执行以下步骤。

1. 使用 karaf 脚本打开 OpenDaylight Karaf 发行版。使用这个脚本可以访问 Karaf CLI：

```
$ ./bin/karaf
```

2. 安装面向用户的功能，负责引导连接 NETCONF 设备所需的所有依赖项：

```
opendaylight-user@root>feature:install odl-netconf-topology odl-restconf
```

这项安装可能需要一分钟。

3. 启动 NETCONF 设备。

如果你想要使用 NETCONF 测试工具，需要使用下面的命令模拟一个 NETCONF 设备：

```
$ java -jar netconf-testtool-1.0.1-Beryllium-SR4executable.jar --device-count 1
```

这将模拟一个设备，并且绑定在 17830 端口。

4. 配置一个新的 netconf-connector。

使用 RESTCONF 发送以下请求：

- 方法：PUT
- URL：

http://localhost:8181/restconf/config/network-topology:netwo rk-top ology/topology/topology-netconf/node/new-netconfdevice

通过仔细查看 URL，你会注意到最后一部分是 newnetconf-device。这必须匹配定义的 node-id。

- 头部信息：

  Accept: application/xml

  Content-Type: application/xml

  Authorization: Basic YWRtaW46YWRtaW4=

- 主要内容：

```
<node xmlns="urn:TBD:params:xml:ns:yang:network-topology">
<node-id>new-netconf-device</node-id>
<host xmlns="urn:opendaylight:netconf-node-
topology">127.0.0.1</host>
<port xmlns="urn:opendaylight:netconf-node-
topology">17830</port>
<username xmlns="urn:opendaylight:netconf-node-
topology">admin</username>
<password xmlns="urn:opendaylight:netconf-node-
topology">admin</password>
<tcp-only xmlns="urn:opendaylight:netconf-node-
topology">false</tcp-only>
</node>
```

5. 仔细分析下以下内容。

- Node-id：定义了 netconf-connector 的名字。
- Address：定义了 NETCONF 设备的 IP 地址。
- Port：定义了 NETCONF 会话的端口。
- Username：定义了 NETCONF 会话的用户名。这将由 NETCONF 设备配置设定。
- Password：定义了 NETCONF 会话的密码。相应的 Username，将由 NETCONF 设备的配置设定。
- TCP-only：定义 NETCONF 会话是否使用 TCP 或者 SSL。如果设置是 true，将使用 TCP。

这是 netconf-connector 默认的配置；后续我们将介绍更多的配置信息。

完成并发送请求。这将生成一个新的 netconf-connector，它使用提供的 IP 地址、端口和凭证连接到 NETCONF 设备。

6. 验证 netconf-connector 是否被正确推送，并获取有关连接的 NETCONF 设备的信息。

首先，查看日志是否有错误发生。如果没有错误发生，你将看到如下的信息：

```
2016-05-07 11:37:42,470 | INFO | sing-executor-11 |
NetconfDevice | 253 org.opendaylight.netconf.sal-netconf-connector -
1.3.0.Beryllium | RemoteDevice{new-netconf-device}: Netconf connecto
r initialized successfully
```

一旦新的 netconf-connector 被创建，一些有用的元数据被写入网络拓扑子树下 MD-SAL 的操作数据库中。为了检索这些信息，需要发送下面的请求。

- 方法：GET
- 头部信息：

  Authorization: Basic YWRtaW46YWRtaW4=
- URL：

  http://localhost:8181/restconf/operational/network-topology: network-topology/topology/topology-netconf/node/new-netconfdevice

我们使用 new-netconf-device 作为 node-id，因为这是我们在上面步骤里面分配给 netconf-connector 的名字。

该请求将提供有关连接状态和设备功能的信息。设备功能是 NETCONF 设备在其用于创建模式上下文的 hello-message 中提供的 YANG 模型。

7. netconf-connector 其他配置信息。

像前面提到的，netconf-connector 包含许多配置元素。这些字段是非强制性的，具有默认值。如果你不希望覆盖默认值，不要填写它们。

- schema-cache-directory：从 NETCONF 设备下载的 YANG 文件的目标模式存储数据库。默认情况下，这些模式保存在缓存目录（$ODL_ROOT/cache/schema）中。使用此配置，可以定义在何处保存与缓存目录相关的下载架构。例如，如果你分配了新模式缓存，则与此设备相关的模式将位于$ODL_ROOT/cache/new-schema-cache/下。

- reconnect-on-changed-schema：如果设置为 true，当远端设备的模式发生更改时，连接器将自动断开连接，并重新连接。netconf-connector 订阅基本的 NETCONF 通知，并且监听 netconf-capability-change 通知。默认值是 false。
- connection-timeout-millis：以 ms 为单位的超时，必须重新建立连接。默认值是 20 000ms。
- default-request-timeout-millis：超时将阻止事务操作，一旦计时器时间到，如果请求尚未完成，事务操作将被取消。默认值是 60 000ms。
- max-connection-attempts：最大连接尝试次数。非正值或者空值将被解释为无穷大，这意味着将永久重试。默认值是 0。
- between-attempts-timeout-millis：连接尝试之间的初始超时，以毫秒为单位。每次新尝试将乘以休眠因子。默认值是 2 000ms。
- sleep-factor：休眠因子用于增加连接尝试之间的延迟。默认值是 1.5。
- keepalive-delay：netconf-connector 在会话空闲时发送保持活动的 RPC，以确保会话连接。此延迟指保持活动的 RPC 之间的超时时间，以 s 为单位。设置值为 0 将禁用此机制。默认值是 120s。

配置文件内容如下所示：

```
<node xmlns="urn:TBD:params:xml:ns:yang:network-topology">
<node-id>new-netconf-device</node-id>
  <host xmlns="urn:opendaylight:netconf-node-
topology">127.0.0.1</host>
  <port xmlns="urn:opendaylight:netconf-node-
topology">17830</port>
  <username xmlns="urn:opendaylight:netconf-node-
topology">admin</username>
  <password xmlns="urn:opendaylight:netconf-node-
topology">admin</password>
  <tcp-only xmlns="urn:opendaylight:netconf-node-
topology">false</tcp-only>
```

```
    <schema-cache-directory xmlns="urn:opendaylight:netconfnode-topology
">new_netconf_device_cache</schema-cache-directory>
      <reconnect-on-changed-schema xmlns="urn:opendaylight:netconf-nodet
opology">false</reconnect-on-changed-schema>
      <connection-timeout-millis xmlns="urn:opendaylight:netconf-nodetop
ology">20000</connection-timeout-millis>
      <default-request-timeout-millis xmlns="urn:opendaylight:netconf-no
detopology">60000</default-request-timeout-millis>
      <max-connection-attempts xmlns="urn:opendaylight:netconf-
    node-topology">0</max-connection-attempts>
      <between-attempts-timeout-millis xmlns="urn:opendaylight:netconf-n
odetopology">2000</between-attempts-timeout-millis>
      <sleep-factor xmlns="urn:opendaylight:netconf-node-
    topology">1.5</sleep-factor>
      <keepalive-delay xmlns="urn:opendaylight:netconf-node-
    topology">120</keepalive-delay>
    </node>
```

工作原理

一旦发送连接新的 NETCONF 设备的请求，OpenDaylight 将设置用于这台设备管理和交互的通信通道。一开始，远端的 NETCONF 设备将发送定义它的所有功能的 hello-message，基于此信息，netconf-connector 会下载设备提供的 YANG 文件。YANG 文件将定义设备的模式上下文。

在整个过程结束时，一些功能可能会失效，原因有两个。

（1）NETCONF 设备在 hello-message 中提供了相应功能，但是没有提供模式。

（2）由于 YANG 冲突，OpenDaylight 无法挂载给定的模式。

OpenDaylight 根据 RFC 6020 解析 YANG 模型。如果模式不符合 RFC，它可能失效。

如果遇到以上情况，查看日志可以找出故障原因。

更多信息

一旦建立 NETCONF 设备连接后，其所有功能均可通过挂载点提供，可以视为直接传递给 NETCONF 设备。

查看数据存储中的数据

为了查看设备数据存储中的数据，使用下面的请求。

- 方法：GET
- 头部信息：

  Authorization: Basic YWRtaW46YWRtaW4=

- URL：

  http://localhost:8080/restconf/config/network-topology:network-topology/topology/topology-netconf/node/new-netconf-device/yang-ext:mount/

在 URL 后面加上 yang-ext:mount/，通过挂载点创建 new-netconf-device，可以看到数据存储的配置信息。如果想查看操作配置信息，使用 operational 替换 URL 中的 config。

如果你的设备定义了 YANG 模型，可以使用下面的请求访问数据。

- 方法：GET
- 头部信息：

  Authorization: Basic YWRtaW46YWRtaW4=

- URL：

  http://localhost:8080/restconf/config/network-topology:network-topology/topology/topology-netconf/node/new-netconfdevice/yang-ext:mount/<module>:<container>

<module>代表一个定义了<container>的模式。<container>可以是列表或者容器。URL 的最后部分看起来像这样：

```
.../ yang-ext:mount/<module>:<container>/<sub-container>
```

调用 RPC

为了调用远端设备的 RPC，应该使用如下请求。

- 方法：POST
- 头部信息：

  Accept: application/xml

Content-Type: application/xml

Authorization: Basic YWRtaW46YWRtaW4=

- URL：

  http://localhost:8080/restconf/config/network-topology:network-topology/topology/topology-netconf/node/new-netconf-device/yang-ext:mount/<module>:<operation>

URL 访问 new-netconf-device 的挂载点。通过挂载点，我们将通过<module>调用它的<operation>。<module>代表了定义的 RPC 模式，<operation>代表了 RPC 调用。

删除 netconf-connector

删除 netconf-connector 将丢弃 NETCONF 会话，所有资源将被清空。为了执行这项操作，使用下面的请求。

- 方法：DELETE
- 头部信息：

  Authorization: Basic YWRtaW46YWRtaW4=

- URL：

  http://localhost:8181/restconf/config/network-topology:networktopology/topology/topology-netconf/node/new-netconf-device

通过仔细观察 URL，可以看到我们正在删除 netconf node-idnewnetconf-device。

浏览 YANGUI 数据模型

YANGUI 是一个用户交互应用。使用 YANGUI 可以在 OpenDaylight 控制器中展示 YANG 模型。它不仅可以汇总所有数据模型，还可以使用它们。使用此界面，你可以创建、更新和删除模型驱动的数据存储。它提供了一个流畅的用户界面，使浏览模型更容易。

预备条件

这项配置只需要 OpenDaylight 控制器和一个 web 浏览器。

操作指南

执行下面的操作。

1. 使用 karaf 脚本启动 OpenDaylight 发行版。使用客户端可以访问 Karaf CLI：

```
$ ./bin/karaf
```

2. 使用面向用户功能导入 YANGUI 依赖包：

```
opendaylight-user@root>feature:install odl-dlux-yangui
```

这项安装需要一分钟左右。

3. 导航至：http://localhost:8181/index.html#/yangui/index。

- 用户：admin
- 密码：admin

一旦登录成功，在屏幕底部可以看到下面这条消息，代表所有模块已被加载：

Loading completed successfully

可以看到 API 选项卡以下列格式列出所有 YANG 模型：

```
<module-name> rev.<revision-date>
```

例如：

- cluster-admin rev.2015-10-13
- config rev.2013-04-05
- credential-store rev.2015-02-26

默认情况下，YANG 模型提供的可以使用的功能不多。所以，让我们连接一个 OpenFlow 交换机，以更好地了解如何使用这个 YANGUI。为此，请参阅“连接 OpenFlow 交换机”第 2 步。

完成后，刷新网页，加载新添加的模块。

4. 查看 opendaylight-inventory rev.2013-08-19，选择 **operational** 标签，因为配置数据存储中还没有任何内容。单击 nodes，页面底部会出现一个请求栏，其中有多个选项。

可以将请求复制到剪贴板，以便在浏览器中使用、发送、预览、自定义 API 请求。

目前，我们只发送请求。

你应该可以看到“**Request sent successfully**”消息，并且在此消息下显示的是检索的数据。由于我们只连接了一台交换机，因此，只有一个节点。所有开关操作信息都将被打印在屏幕上。

可以通过在请求中指定 node-id 来执行相同的请求。为此，需要展开节点，单击 node {id}，启用更细粒度的搜索。

工作原理

OpenDaylight 是一个模型驱动的架构体系，这意味着它的所有组件都使用 YANG 进行建模。在安装功能时，OpenDaylight 加载 YANG 模型，使其在 MD-SAL 数据存储中可用。

YANGUI 是这个数据存储的代表。每个模式表示基于模块名称及其修订日期的子树。YANGUI 聚合并解析所有模型，也充当 REST 客户端。通过它的 web 界面，可以执行诸如 GET、POST、PUT 和 DELETE 等操作。

更多信息

因为没有加载用户 YANG 模型，之前显示的示例可以改进。例如，如果你安装包含自己的 YANG 模型的 NETCONF 设备，则可以通过 YANGUI 与其交互。

使用配置数据存储来推送和更新一些数据，能看到相应更新的操作数据存储。另外，访问数据比定义准确的 URL 要容易得多，这正如挂载 NETCONF 设备配置所述。

参考资料

可以使用 API 参考文档作为 REST API 客户端参考资料。

基本分布式交换

在 OpenDaylight 中，基本分布式交换由 L2Switch 项目提供，检验 2 层交换功能。该项目建立在 OpenFlowPlugin 项目之上，因为它能与 OpenFlow 交换机进行连接和交互。

L2Switch 项目有以下组件。

- 数据包处理程序：解码传入的数据包，并适当地分派它们。它定义了数据包生命周期的三个阶段：
  （1）解码；
  （2）修改；
  （3）传送。
- 环路清除器：检测网络中的环路，并将其删除。
- ARP 处理器：处理报文处理器提供的 ARP 报文。
- 地址跟踪器：收集来自网络实体的 MAC 和 IP 地址。
- 主机跟踪器：跟踪主机在网络中的位置。
- L2Switch 主程序：在网络中现有的交换机上安装流量插件。

预备条件

这项配置需要一个 OpenFlow 交换机。如果你没有，可以使用装有 OvS 的 Mininet-VM 虚拟机。

可以在以下站点下载 Mininet-VM 虚拟机镜像：

`https://github.com/mininet/mininet/wiki/Mininet-VM-Images`。

所有版本都可以工作。

本项配置使用的是带有 OvS 2.0.2 的 Mininet-VM 虚拟机镜像。

操作指南

执行如下步骤。

1. 使用 `karaf` 脚本启动 OpenDaylight 发行版。使用脚本将可以进入 Karaf CLI：

```
$ ./bin/karaf
```

2. 安装面向用户的功能，负责导入启用基本分布式交换所需的所有依赖包：

```
opendaylight-user@root>feature:install odl-l2switch-switch-ui
```

安装完成可能需要几分钟。

3. 使用 Mininet 创建网络。

- 使用下面的用户登录 Mininet-VM 虚拟机。
  - 用户名：`mininet`

- 密码：mininet
- 清空当前 Mininet 虚拟机状态。

如果你之前使用同样的虚拟机实例，需要清空它的状态。删除之前创建的桥 br0。

```
mininet@mininet-vm:~$ sudo ovs-vsctl del-br br0
```

- 创建拓扑。

为此，使用下面的命令：

```
mininet@mininet-vm:~$ sudo mn --
controller=remote,ip=${CONTROLLER_IP}--topo=linear,3 --switch ovsk,
protocols=OpenFlow13
```

使用此命令将创建一个虚拟网络，该虚拟网络配备三台交换机，并将连接到由 ${CONTROLLER_IP}指定的控制器。前面的命令还将在交换机和主机之间建立连接。

我们将在 opendaylight-inventory 中终结 3 个 OpenFlow 节点。

- 方法：GET
- 头部信息：

  Authorization: Basic YWRtaW46YWRtaW4=
- URL：

  http://localhost:8080/restconf/operational/opendaylight-invento ry:nodes

请求将返回如下信息：


```
        --[cut]-
    {
      "id": "openflow:1",
        --[cut]-
    },
    {
      "id": "openflow:2",
        --[cut]-
    },
    {
      "id": "openflow:3",
        --[cut]-
```

4．使用 mininet 生产网络流量。

在两个主机使用 ping 命令：

```
mininet> h1 ping h2
```

上面的命令会使 host1（h1）ping 通 host2（h2），我们可以看到 host1 能够到达 h2。

使所有主机 ping 通的命令如下。

```
mininet> pingall
```

pingall 命令可以 ping 通所有主机。

5．检查地址观察值。

这要归功于地址跟踪器，它可以观察交换机端口（node-connector）上的地址元组。

该信息将出现在 OpenFlow 节点连接器中，并可以使用以下请求进行检索（对于 openflow:2，即交换机 2）。

- 方法：GET
- 头部信息：

  Authorization: Basic YWRtaW46YWRtaW4=
- URL：

  http://localhost:8080/restconf/operational/opendaylight-invento ry:nodes/node/openflow:1/node-connector/openflow:2:1

请求将返回如下信息：

```
{
  "nodes": {
    "node": [
      {
        "id": "openflow:2",
        "node-connector": [
          {
            "id": "openflow:2:1",
            --[cut]--
            "address-tracker:addresses": [
              {
                "id": 0,
```

```
                "first-seen": 1462650320161,
                "mac": "7a:e4:ba:4d:bc:35",
                "last-seen": 1462650320161,
                "ip": "10.0.0.2"
              }
            ]
          },
            --[cut]-
    --【以下省略】--
```

此结果表示具有 MAC 地址 7a:e4:ba:4d:bc:355 的主机已将数据包发送到交换机 2，而交换机 2 的端口 1 处理了传入数据包。

6. 检查节点、交换机的主机地址和连接点。

- 方法：GET
- 头部信息：

  Authorization: Basic YWRtaW46YWRtaW4=
- URL：

  http://localhost:8080/restconf/operational/network-topology:net work-topology/topology/flow:1/

返回如下信息：

```
            --[cut]-
    --[以上忽略]--
    <node>
        <node-id>host:c2:5f:c0:14:f3:1d</node-id>
        <termination-point>
            <tp-id>host:c2:5f:c0:14:f3:1d</tp-id>
        </termination-point>
        <attachment-points>
            <tp-id>openflow:3:1</tp-id>
            <corresponding-
tp>host:c2:5f:c0:14:f3:1d</corresponding-tp>
            <active>true</active>
        </attachment-points>
        <addresses>
```

```
            <id>2</id>
            <mac>c2:5f:c0:14:f3:1d</mac>
            <last-seen>1462650434613</last-seen>
            <ip>10.0.0.3</ip>
            <first-seen>1462650434613</first-seen>
        </addresses>
        <id>c2:5f:c0:14:f3:1d</id>
    </node>
                --[cut]-
    --[以下省略]-
```

address 包含有关 MAC 地址和 IP 地址之间映射的信息，attachment-point 定义了 MAC 地址和交换机端口之间的映射。

7. 检查每个链路的生成树协议状态。

生成树协议状态可以是转发，也就是说数据包在活动链路上流动，或者丢弃，表示数据包在链路不活动时不发送。

为了检查链路状态，发送下面的请求。

- 方法：GET
- 头部信息：

  Authorization: Basic YWRtaW46YWRtaW4=
- URL：

  http://localhost:8181/restconf/operational/opendaylight-invento ry:nodes/node/openflow:2/node-connector/openflow:2:2

将返回如下信息：

```
{
  "node-connector": [
    {
      "id": "openflow:2:2",
                --[cut]--
      "stp-status-aware-node-connector:status": "forwarding",
      "opendaylight-port-statistics:flow-capable-node-
connector-statistics": {}
    }
  }
```

```
    ]
}
```

在这种情况下，所有进入交换机 2 端口 2 的数据包将在建立的链路上转发。

8. 检查创建的链接。

为了检查创建的链接，我们将发送与第 6 步发送的请求相同的请求，但我们将重点关注响应的不同部分。

- 方法：GET
- 头部信息：

  Authorization: Basic YWRtaW46YWRtaW4=
- URL：

  http://localhost:8080/restconf/operational/network-topology:net work-topology/topology/flow:1/

这次的不同部分如下：


```
            --[cut 以上省略]--
<link>
    <link-id>host:7a:e4:ba:4d:bc:35/openflow:2:1</link-id>
    <source>
        <source-tp>host:7a:e4:ba:4d:bc:35</source-tp>
        <source-node>host:7a:e4:ba:4d:bc:35</source-node>
    </source>
    <destination>
        <dest-node>openflow:2</dest-node>
        <dest-tp>openflow:2:1</dest-tp>
    </destination>
</link>
<link>
    <link-id>openflow:3:1/host:c2:5f:c0:14:f3:1d</link-id>
    <source>
        <source-tp>openflow:3:1</source-tp>
        <source-node>openflow:3</source-node>
    </source>
    <destination>
        <dest-node>host:c2:5f:c0:14:f3:1d</dest-node>
        <dest-tp>host:c2:5f:c0:14:f3:1d</dest-tp>
```

```
        </destination>
    </link>
                --[cut 以下省略]--
```

它代表早期设置拓扑时建立的链接。它还提供源、目标节点和终止点。

工作原理

它利用 OpenFlowPlugin 项目，提供 OpenFlow 交换机和 OpenDaylight 之间的基本通信通道。第 2 层发现由 ARP 侦听器/响应者处理。使用它，OpenDaylight 能够学习和跟踪网络实体地址。最后，使用图算法，它能够检测网络中的最短路径，并消除环路。

更多信息

可以更改或增加 L2Switch 组件的基本配置以执行更精确的操作。

配置 L2Switch

我们已经提供了默认配置的 L2Switch 用法。

要更改配置，请遵循以下步骤。

1. 执行前面提到的两个要点。
2. 停止 OpenDaylight：

```
opendaylight-user@root>logout
```

3. 导航至`$ODL_ROOT/etc/opendaylight/karaf/`。
4. 打开你想要配置的文件。
5. 执行修改。

不要随意修改配置文件及其值，要非常小心，仅根据本技巧开始时提供的链路更改所需的内容，否则可能会破坏功能。

6. 保存该文件，并重新执行“操作指南”部分中提到的步骤。应用新配置。

使用 LACP 协议绑定链路

OpenDaylight 内的链路聚合控制协议（LACP）项目实现了 LACP。

它将用于自动发现并聚合已知 OpenDaylight 网络和外部设备，如支持 LACP 的端点或交换机之间的链接。使用 LACP 将增加链路的弹性，并会聚合带宽。

LACP 协议最初是作为 IEEE 以太网规范 802.3ad 发布的，但随后作为 802.1AX 规范转移到桥接和管理组。

LACP 模块将侦听从传统交换机生成的 LACP 控制数据包（非 OpenFlow 也支持）。

预备条件

此项配置需要 OpenFlow 交换机。如果没有，可以使用安装有 OvS 的 Mininet-VM 虚拟机代替。

可以从以下站点下载 Mininet-VM 虚拟机镜像：

https://github.com/mininet/mininet/wiki/Mininet-VM-Images。

OvS 用户：

必须使用大于或等于 2.1 以上版本的 OvS 版本，以便可以处理租表。如果以前下载了 Mininet-VM，则可以使用其磁盘创建新的 VM，然后在 Mininet 中更新 OvS 版本。你将必须运行以下命令：

```
$ cd /home/mininet/mininet/util
$ ./install.sh -V 2.3.1
```

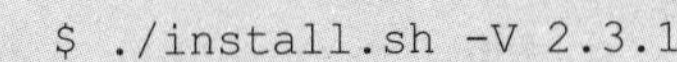

这个脚本会尝试更新你的包，但是这个操作可能会失败。如果是，请自行运行如下命令，然后重新执行该脚本：

```
$ sudo apt-get update --fix-missing
```

然后重新运行安装脚本。几分钟后，应安装新版本的 OvS：

```
mininet@mininet-vm:~$ sudo ovs-vsctl show 1077578ef495-46a
1-a96b-441223e7cc22 ovs_version: "2.3.1"
```

此配置将使用带有 OvS 2.3.1 的 Mininet-VM 虚拟机运行。

为了使用 LACP，必须确保将传统（非 OpenFlow）交换机配置为 LACP 模式，处于激活状态，并具有很长的超时时间，以允许 LACP 插件响应其消息。

此配置的示例代码位于：

```
https://github.com/jgoodyear/OpenDaylightCookbook/tree/master/chapte
r1/chapter1-recipe5
```

操作指南

执行以下步骤。

1. 使用 `karaf` 脚本启动 OpenDaylight 发行版。使用这个脚本可以得到 Karaf CLI：

```
$ ./bin/karaf
```

2. 安装面向用户的功能，以引入启用 LACP 功能所需的依赖包：

```
opendaylight-user@root>feature:install odl-lacp-ui
```

需要几分钟才能完成安装。

3. 使用 Mininet 创建网络。

- 使用下面的用户密码进入 Mininet-VM 虚拟机：
  - 用户名：`mininet`
  - 密码：`mininet`

创建拓扑。

为此，使用以下命令：

```
mininet@mininet-vm:~$ sudo mn --
controller=remote,ip=${CONTROLLER_IP} --topo=linear,1 --switch ovsk,
protocols=OpenFlow13
```

这条命令将创建一台包含一个虚拟网络的交换机，连接到`${CONTROLLER_IP}`。

我们将在 `opendaylight-inventory` 中结束一个 OpenFlow 节点。

- 方法：`GET`
- 头部信息：

  Authorization: Basic `YWRtaW46YWRtaW4=`

- URL：

  `http://localhost:8080/restconf/operational/opendaylight-invento ry:nodes`

请求将返回如下信息：

```
--[cut]-
```

```
{
  "id": "openflow:1",
    --[cut]--
}
```

4．打开一个新的终端访问 Mininet 实例，并验证是否安装了处理 LACP 数据包的流条目。

```
mininet@mininet-vm:~$ sudo ovs-ofctl -O OpenFlow13 dump-flows
s1
OFPST_FLOW reply (OF1.3) (xid=0x2):
cookie=0x3000000000000003, duration=185.98s, table=0,
n_packets=0, n_bytes=0,
priority=5,dl_dst=01:80:c2:00:00:02,dl_type=0x8809
actions=CONTROLLER:65535
```

该流使用输入类型 `0x8809`，这是为 LACP 定义的一个类型。

5．从 Mininet CLI 中，让我们在 switch1（`s1`）和 host1（`h1`）之间添加一个新链接，然后聚合这两个链接。Mininet CLI 是在步骤 3 中创建拓扑后最终结束的位置。

```
mininet> py net.addLink(s1, net.get('h1'))
<mininet.link.Link object at 0x7fe1fa0f17d0>
mininet> py s1.attach('s1-eth2')
```

6．将 host1（`h1`）配置为你的旧式交换机。为此，将创建一个模式类型设置为 LACP 的绑定接口。为此，需要在 Mininet 实例的`/etc/mobprobe.d` 下创建一个新文件。

使用在步骤 4 打开的终端窗口访问此目录，并使用以下内容创建一个文件 `bonding.conf`：

```
alias bond0 bonding
options bonding mode=4
```

`mode = 4` 表示 LACP，默认情况下，超时设置为 long。

7．使用 Mininet CLI，我们创建并配置绑定接口，并添加主机 `h1-eth0` 和 `h1-eth1` 的两个物理接口作为绑定接口的成员。然后设置接口：

```
mininet> py net.get('h1').cmd('modprobe bonding')
mininet> py net.get('h1').cmd('ip link add bond0 type bond')
mininet> py net.get('h1').cmd('ip link set bond0 address
${MAC_ADDRESS}')
```

```
mininet> py net.get('h1').cmd('ip link set h1-eth0 down')
mininet> py net.get('h1').cmd('ip link set h1-eth0 master
bond0')
mininet> py net.get('h1').cmd('ip link set h1-eth1 down')
mininet> py net.get('h1').cmd('ip link set h1-eth1 master
bond0') mininet> py net.get('h1').cmd('ip link set bond0 up')
```

确保使用适当的 MAC 地址更改$ {MAC_ADDRESS}。

一旦启动创建的 bond0 接口，host1 将发送 LACP 数据包到交换机 1。OpenDaylight LACP 的模块将在交换机 1（s1）上创建链路组。

要可视化绑定的接口，可以使用以下命令：

```
mininet> py net.get('h1').cmd('cat /proc/net/bonding/bond0')
```

8．最后，我们来看看交换机（switch）1 表；组表中应该有一个新的条目，其中 type = select：

```
mininet@mininet-vm:~$ sudo ovs-ofctl -O Openflow13 dump-groups
s1
OFPST_GROUP_DESC reply (OF1.3) (xid=0x2):
group_id=41238,type=select,bucket=weight:0,actions=output:1,buc
ket=weight:0,actions=output:2
group_id=48742,type=all,bucket=weight:0,actions=drop
```

让我们关注第一个条目：流类型是 select，这意味着数据包由组中的单个桶进行处理，并且有两个桶分配相同的权重。在本例中，每个桶分别表示交换机上的给定端口，端口 1（s1-eth1）和 2（s1-eth2）。

9．要在交换机上应用链路聚合组，流应该定义已建立的组表项的 group_id，在我们的例子中是 group_id = 41238。此处介绍的流程适用于 ARP 以太网帧（dl_type = 0x0806）：

```
sudo ovs-ofctl -O Openflow13 add-flow s1
dl_type=0x0806,dl_src=SRC_MAC,dl_dst=DST_MAC,actions=group:6016 9
```

工作原理

它利用 OpenFlowPlugin 项目，提供 OpenFlow 交换机和 OpenDaylight 之间的基本通信通道。LCAP 项目在 MD-SAL 中实施链路聚合控制协议作为服务。使用数据包处理服务，它将接收并处理 LACP 数据包。基于周期性状态机制，它将定义是否保持聚合。

改变用户认证

OpenDaylight 的安全性部分由 AAA 项目提供，该项目实现了以下机制。

- 认证：用于认证用户。
- 授权：用于授权给定用户的资源访问权限。
- 审计：用于记录用户对资源的访问。

默认情况下，当你安装任何功能时，将安装 AAA 认证。它默认提供两个用户：

- 用户 admin，密码是 admin。
- 用户 user，密码是 user。

预备条件

此配置不需要任何比 OpenDaylight 本身更多的东西。

此配置的示例代码位于：

```
https://github.com/jgoodyear/OpenDaylightCookbook/tree/master/chapter1/chapter1-recipe7
```

操作指南

执行以下步骤。

1. 使用 karaf 脚本启动 OpenDaylight 发行版。使用这个脚本可以让你访问 Karaf CLI：

```
$ ./bin/karaf
```

2. 安装面向用户的功能，以引入启用用户认证所需的依赖包：

```
opendaylight-user@root>feature:install odl-aaa-authn
```

需要几分钟才能完成安装。

3. 要检索现有用户的列表，请发送以下请求。

- 方法：GET
- 头部信息

Authorization: Basic YWRtaW46YWRtaW4=

- URL：

  http://localhost:8181/auth/v1/users


```
{
  "users": [
    {
      "userid": "admin@sdn",
      "name": "admin",
      "description": "admin user",
      "enabled": true,
      "email": "",
      "password": "**********",
      "salt": "**********",
      "domainid": "sdn"
    },
    {
      "userid": "user@sdn",
      "name": "user",
      "description": "user user",
      "enabled": true,
      "email": "",
      "password": "**********",
      "salt": "**********",
      "domainid": "sdn"
    }
  ]
}
```


4. 用户配置。

首先，需要使用前一个请求检索的用户标识。对于本教程，我们将使用 `userid=user@sdn`。

要更新此用户的密码，请执行以下请求。

- 方法：`PUT`
- 头部信息：

  Authorization: Basic `YWRtaW46YWRtaW4=`

这是基本的 admin/admin 权限。我们不会修改这个。

- 主要内容

```
{
    "userid": "user@sdn",
    "name": "user",
    "description": "user user",
    "enabled": true,
    "email": "",
    "password": "newpassword",
    "domainid": "sdn"
}
```

- URL：

  http://localhost:8181/auth/v1/users/user@sdn

一旦发送，你将收到已确认的有效内容。

5. 尝试新用户的密码。打开浏览器，输入 http://localhost:8181/ auth/v1/users，会要求你提供用户名和密码。使用：

- 用户名：user
- 密码：newpassword

应该使用更新之后的用户名和密码登录。

工作原理

AAA 项目支持基于 Apache Shiro 权限系统的基于角色的访问控制（RBAC）。它定义了一个用于与 h2 数据库进行交互的 REST 应用程序。每个表都有自己的 REST 端点，可以使用 REST 客户端来修改 h2 数据库内容，例如用户信息。

OpenDaylight 集群

OpenDaylight 集群的目标是让一组节点提供容错、分散的对等成员资格，而不会出现单点故障。从网络角度来看，集群就是当你有一组计算节点一起工作，以实现共同的功能或目标。

预备条件

此配置需要三个不同的虚拟机，这些虚拟机可以使用 Vagrant 1.7.4 生成：https://www.vagrantup.com/downloads.html。

虚拟机的 Vagrant 文件可在下面的地址找到：https://github.com/adetalhouet/cluster-nodes。

操作指南

执行以下步骤。

1. 创建三个虚拟机。

准备工作部分中提到的存储库提供了一个 Vagrant 文件，它产生具有以下网络特征的虚拟机。

- 网卡 1：NAT
- 网卡 2：桥 en0：Wi-Fi (AirPort)
- 静态 IP 地址：192.168.50.15X（X 是节点的编号）
- 网卡类型：paravirtualized

详细步骤如下：

```
$ git clone https://github.com/adetalhouet/cluster-nodes.git
$ cd cluster-nodes
$ export NUM_OF_NODES=3
$ vagrant up
```

几分钟后，为确保 VM 正确运行，请在 cluster-nodes 文件夹中执行以下命令：

```
$ vagrant status
Current machine states:
node-1            running (virtualbox)
node-2            running (virtualbox)
node-3            running (virtualbox)
```

这个环境代表多个虚拟机。列出的当前状态的虚拟机全部是之前描述的。有关特定 VM 的更多信息，请运行 vagrant status NAME。

虚拟机的口令如下。

- 用户：vagrant
- 密码：vagrant

我们现在有三个虚拟机使用这些 IP 地址：

- 192.168.50.151
- 192.168.50.152
- 192.168.50.153

2．准备集群部署。

使用 OpenDaylight 提供的集群部署脚本部署机器：

```
$ git clone
https://git.opendaylight.org/gerrit/integration/test.git
$ cd test/tools/clustering/cluster-deployer/
```

需要以下信息。

- 虚拟机/容器的 IP 地址：

```
192.168.50.151, 192.168.50.152, 192.168.50.153
```

- 口令（所有虚拟机/容器的口令必须相同）：

```
vagrant/vagrant
```

- 部署的分发路径：

```
$ODL_ROOT
```

- 集群配置文件位于存储库 templates/multi-nodetest：

```
$ cd templates/multi-node-test/
$ ls -1
akka.conf.template
jolokia.xml.template
module-shards.conf.template
modules.conf.template
org.apache.karaf.features.cfg.template
org.apache.karaf.management.cfg.template
```

3．部署集群。

当前位于 cluster-deployer 文件夹：

```
$ pwd
test/tools/clustering/cluster-deployer
```

需要创建 temp 文件夹，让部署脚本可以放一些临时文件：

```
$ mkdir temp
```

目录树结构看起来像这样：

```
$ tree .
├── cluster-nodes
├── distribution-karaf-0.4.0-Beryllium.zip
└── test
    └── tools
        └── clustering
            └── cluster-deployer
                ├── deploy.py
                ├── kill_controller.sh
                ├── remote_host.py
                ├── remote_host.pyc
                ├── restart.py
                ├── temp
                └── templates
                    └── multi-node-test
```

现在让我们使用下面的命令部署集群：

```
$ python deploy.py --clean --
distribution=../../../../distribution-karaf-0.4.0-Beryllium.zip
--rootdir=/home/vagrant --
hosts=192.168.50.151,192.168.50.152,192.168.50.153 --
user=vagrant --password=vagrant --template=multi-node-test
```

如果进程正常，应该在部署时看到类似的日志：

https://github.com/jgoodyear/OpenDaylightCookbook/tree/master/chapter1/chapter1-recipe8

4. 验证部署。

使用 Jolokia 读取集群的节点数据存储。

请求位于 192.168.50.151 下的节点 1，其网络拓扑分片的配置数据存储如下所示。

- 方法：GET
- 头部信息：

  Authorization: Basic YWRtaW46YWRtaW4=
- URL：

  http://192.168.50.151:8181/jolokia/read/org.opendaylight.controller:

```
Category=Shards,name=member-1-shard-topologyconfig,type=Distributed
ConfigDatastore
```



```
{
    "request": {
       "mbean":
"org.opendaylight.controller:Category=Shards,name=member-1shard-topo
logy-config,type=DistributedConfigDatastore",
        "type": "read"
    },
    "status": 200,
    "timestamp": 1462739174,
    "value": {
        --[cut]--
        "FollowerInfo": [
            {
                "active": true,
                "id": "member-2-shard-topology-config",
                "matchIndex": -1,
                "nextIndex": 0,
                "timeSinceLastActivity": "00:00:00.066"
            },
            {
                "active": true,
                "id": "member-3-shard-topology-config",
                "matchIndex": -1,
                "nextIndex": 0,
                "timeSinceLastActivity": "00:00:00.067"
            }
        ],
        --[cut]--
        "Leader": "member-1-shard-topology-config",
        "PeerAddresses": "member-2-shard-topology-config:
akka.tcp://opendaylight-cluster-
data@192.168.50.152:2550/user/shardmanager-config/member-2-
```

```
shard-topology-config, member-3-shard-topology-config:
akka.tcp://opendaylight-cluster-
data@192.168.50.153:2550/user/shardmanager-config/member-3-
shard-topology-config",
        "RaftState": "Leader",
        --[cut]--
        "ShardName": "member-1-shard-topology-config",
        "VotedFor": "member-1-shard-topology-config",
        --[cut]--
}
```

结果显示了很多有趣的信息，例如，请求分片的主节点。我们还可以看到这个特定分片的从节点的当前状态（处于 active 状态），以其 id 表示。最后，它提供了对等节点的地址。地址可以在 AKKA 域中找到，因为 AKKA 是用于在集群内启用节点连线的工具。

通过请求另一个对等节点上的相同部分，你会看到类似信息。例如，对于位于 192.168.50.152 下的节点 2。

- 方法：GET
- 头部信息：

  Authorization: Basic YWRtaW46YWRtaW4=
- URL：

  http://192.168.50.152:8181/jolokia/read/org.opendaylight.contro ller:Category=Shards,name=member-2-shard-topologyconfig,type=DistributedConfigDatastore

确保在成员名称后面更新数字，因为这应该与你请求的节点相匹配：

```
{
    "request": {
        "mbean":
"org.opendaylight.controller:Category=Shards,name=member-2-
shard-topology-config,type=DistributedConfigDatastore",
        "type": "read"
    },
    "status": 200,
```

```
    "timestamp": 1462739791,
    "value": {
        --[cut]--
        "Leader": "member-1-shard-topology-config",
        "PeerAddresses": "member-1-shard-topology-config:
akka.tcp://opendaylight-cluster-
data@192.168.50.151:2550/user/shardmanager-config/member-1-
shard-topology-config, member-3-shard-topology-config:
akka.tcp://opendaylight-cluster-
data@192.168.50.153:2550/user/shardmanager-config/member-3-
shard-topology-config",
        "RaftState": "Follower",
        --[cut]--
        "ShardName": "member-2-shard-topology-config",
        "VotedFor": "member-1-shard-topology-config",
        --[cut]--
    }
}
```


可以看到这个分片的对等节点，以及这个节点被选为节点 1——被选为分片的控制节点。

工作原理

OpenDaylight 集群严重依赖 AKKA 技术为集群组件提供构建块，特别是在远程分片上的操作。使用 AKKA 的主要原因是它适合现有的 MD-SAL 设计，因为它基于行动模型。

OpenDaylight 集群组件包括以下部分。

- ClusteringConfiguration: ClusteringConfiguration 定义关于集群成员的信息，以及它们包含的数据。
- ClusteringService: ClusteringService 读取集群配置，将成员名称解析为其 IP 地址/主机名称，并维护有兴趣收到成员状态更改通知的的注册组件。

- DistributedDataStore：DistributedDataStore 负责实现 DOMStore，它替代了 InMemoryDataStore。它根据集群配置创建本地分片操作器，并在用户注册侦听器时创建侦听器包装操作器。
- Shard：Shard 分片是包含系统中某些数据的处理器。分片是一个行动者，通过消息进行交流。这些与 DOMStore 接口上的操作非常相似。当分片接收到消息时，它将在日志中记录事件，然后可以将其用于恢复数据存储状态。这个会保存在一个 InMemoryDataStore 对象中。

参考资料

- AKKA 集群框架。
- http://doc.akka.io/docs/akka/snapshot/common/cluster.html。

虚拟用户边缘

在本章，我们将介绍下面的配置：

- 利用 UNI 管理端到端的 WAN 链路；
- 通过 MPLS VPN 连接多个网络；
- 让设备利用 USC 安全信道来工作；
- 使用物联网的机器到机器的协议；
- 控制电缆调制解调器终端系统。

内容概要

虚拟用户边缘是通过允许某些访问策略规则将网络实体端点相互连接，并将其集成到网络中的能力。它也是对这些端点进行虚拟化和使功能更接近平台的核心。通过使用**虚拟客户端设备（vCPE）**，可以在边缘根据需要动态添加和运行新的服务。

使用用户名：admin 和密码：admin 访问 REST API。

利用 UNI 管理端到端的 WAN 链路

UNI 管理项目支持**城域以太网论坛（MEF）**定义的物理和虚拟元素（特别是运营商以太网业务）的连接服务配置。它支持通过在两个端点之间创建**通用路由封装（GRE）**隧道来在两个虚拟交换机之间创建链路。

预备条件

这项配置需要两台虚拟交换机，如果你没有，可以使用安装有 OvS 的 Mininet-VM 虚拟机。可以从下面的地址下载 Mininet-VM：

`https://githubcom/mininet/mininet/wiki/Mininet-VM-Images`。

任何版本都可以。

下面的配置使用一台带有 QvS 2.3.1 的 Mininet-VM 虚拟机和一台带有 QvS 2.4.0 的 Mininet-VM 虚拟机。

操作指南

执行下面的步骤。

1. 使用 `karaf` 脚本启动 OpenDaylight 发行版。使用脚本，将得到 Karaf CLI：

```
$ ./bin/karaf
```

2. 安装面向用户的功能，引入链接 OpenFlow 交换机的所有依赖包：

```
opendaylight-user@root>feature:install odl-unimgr-ui
```

完成安装需要几分钟。

3. 以被动或主动模式将 OvS 实例连接到 OpenDaylight。

- 使用下面的用户名和密码登入 Mininet-VM 虚拟机：
    - 用户名：`mininet`
    - 密码：`mininet`
- 使用主动模式连接两台 OvS 交换机：

```
$ sudo ovs-vsctl set-manager tcp:${CONTROLLER_IP}:6640
```

这里的`${CONTROLLER_IP}`是允许 OpenDaylight 的主机 IP 地址。

- 现在将虚拟交换机连接到 OpenDaylight：

```
mininet@mininet-vm:~$ sudo ovs-vsctl show
0b8ed0aa-67ac-4405-af13-70249a7e8a96
     Manager "tcp:192.168.0.115:6640"
     is_connected: true
     ovs_version: "2.4.0"
```

4. 创建第一个用户网络界面（UNI）。

你将需要设备的 IP 地址和 MAC 地址。为了从 Mininet-VM 虚拟机得到 IP 地址和

MAC 地址，可以使用 ifconfig 命令。

UNI 创建是针对控制器的 REST 调用。请确保使用适当的信息替换$ {DEVICE_IP}和$ {DEVICE_IP}。该请求的配置如下。

- 方法：PUT
- 头部信息：

  Authorization: Basic YWRtaW46YWRtaW4=
- URL：

  http://localhost:8181/restconf/config/network-topology:networktopology/topology/unimgr:uni/node/uni:%2F%2F${DEVICE_IP}
- 内容：

```
{
  "network-topology:node": [
  {
    "node-id": "uni://${DEVICE_IP}",
     "speed":
    {
      "speed-10M": 1
    },
    "uni:mac-layer": "IEEE 802.3-2005",
    "uni:physical-medium": "UNI TypeFull Duplex 2 Physical
    Interface",
    "uni:mtu-size": 0,
    "uni:type": "",
    "uni:mac-address": "${DEVICE_MAC_ADDRESS}",
    "uni:ip-address": "${DEVICE_IP}",
    "uni:mode": "Full Duplex"
  }
  ]
}
```

应该期望的状态码是 200 OK。

5．在第 2 条设备上重复前面的步骤。

此 UNI 创建将导致在内部类型的虚拟交换机上创建一个桥 ovsbr0。

6．创建以太网虚拟连接（EVC）。

截至目前，EVC 创建是基于第 3 层的，因此，需要链接两个端点的 IP 地址（上一步创建的两个 UNI）。

必须将`$ {EVC_ID}`定义为整数。确保使用适当的信息替换`$ {DEVICE_1_IP}`和`$ {DEVICE_1_IP}`。

创建 EVC 的请求如下。

- 方法：PUT
- 头部信息：

  Authorization: Basic YWRtaW46YWRtaW4=
- URL：

  http://localhost:8181/restconf/config/network-topology:networktopology/topology/unimgr:evc/link/evc:%2F%2F${EVC_ID}
- 内容：

```
{
  "link":[
      {
        "link-id":"evc://${EVC_ID}",
        "source":{
            "source-node":"/network
            -topology/topology/node/uni://${DEVICE_1_IP}"
        },
        "destination":{
            "dest-node":"/network
            -topology/topology/node/uni://${DEVICE_2_IP}"
        },
        "cl-unimgr-mef:uni-source":[
            {
              "order":"0",
              "ip-address":"${DEVICE_1_IP}"
            }
        ],
        "cl-unimgr-mef:uni-dest":[
           {
              "order":"0",
              "ip-address":"${DEVICE_2_IP}"
```

```
            }
          ],
          "cl-unimgr-mef:cos-id":"string",
          "cl-unimgr-mef:ingress-bw":{
            "speed-10G":{
            }
          },
          "cl-unimgr-mef:egress-bw":{
            "speed-10G":{
            }
          }
        }
      ]
    }
```

应该期待的状态码是 200 OK。

7. 让我们看看交换机上最终的拓扑。

- 第一台设备：

```
mininet@mininet-vm:~$ sudo ovs-vsctl show
1077578e-f495-46a1-a96b-441223e7cc22
    Manager "tcp:192.168.0.115:6640"
        is_connected: true
    Bridge "ovsbr0"
        Port "eth1"
            Interface "eth1"
        Port "gre1"
            Interface "gre1"
                type: gre
                options: {remote_ip="192.168.0.118"}
        Port "ovsbr0"
            Interface "ovsbr0"
                type: internal
ovs_version: "2.3.1"
```

- 第二台设备：

```
mininet@mininet-vm:~$ sudo ovs-vsctl show
0b8ed0aa-67ac-4405-af13-70249a7e8a96
```

```
        Manager "tcp:192.168.0.115:6640"
            is_connected: true
        Bridge "ovsbr0"
            Port "ovsbr0"
                Interface "ovsbr0"
                    type: internal
            Port "eth1"
                Interface "eth1"
            Port "gre1"
                Interface "gre1"
                    type: gre
                    options: {remote_ip="192.168.0.117"}
    ovs_version: "2.4.0"
```

在创建的 ovsbr0 桥上，我们可以看到 gre1 端口是创建的 GRE 隧道的端点，并指定了 remote_ip。

eth1 端口指定为设备端口。

8. 测试创建的端到端链接。

选择你想用的 Mininet-VM，并且 ping 另一个虚拟机。

工作原理

UNI 管理正在使用 OpenFlowPlugin 项目的 OVSDB 项目来启动与 OpenFlow 的交换机的通信。OVSDB 提供开放式 **VSwitch**（**OvS**）数据库，使你可以创建端口、接口和配置服务质量。一旦安装了 odl-unimgr-ui 功能，监听程序将侦听端口 6640 上的连接。连接时，它将使用 OpenFlowJava 库创建通信管道，并初始化 OvS 数据库。创建 UNI 会导致 OVSDB 节点与 UNI 定义关联。它为内部沟通创造了一个桥和一个内部端口。然后，在创建 EVC 时，它将在先前创建的网桥下创建两个新端口，一个用于隧道（使用 GRE），另一个用于连接设备。

通过 MPLS VPN 连接多个网络

为了完成这项配置，我们将使用 Network Intent Composition 和 VpnService 项目。

该用例的范围是在单个 MPLS 域中的客户站点之间启用 MPLS VPN 连接。在域内，MPLS 标签用于隔离站点之间的流量。

提供的边缘路由器（PE）和提供的路由器（P）由 OpenDaylight 管理。

为了创建跨客户站点的端到端 VPN 连接，OpenDaylight 应向各自的 PE 和 P 提供 MPLS 意图，以形成两个站点之间最短的路由。

此外，通过将约束属性添加到保护和故障转移机制的意图中，可以确保端点之间的端到端连接，以降低由于转发设备上的单个链路或端口关闭事件而导致连接失败的风险。

- 保护约束：这需要通过提供冗余路径来保护端到端连接。
- 故障转移约束：指定故障转移实施的类型。
  - `slow-reroute`：使用不相交路径计算算法，如 Suurballe 提供可选的端到端路由。
  - 通过 OF 组表功能在硬件转发设备中使用故障检测功能（未来工作）。

当用户不要求约束时，我们默认使用 Dijkstra 最短路径提供端到端路由。

预备条件

这个配置需要一个虚拟交换机。如果你没有，可以使用安装了 OvS 的 Mininet-VM 虚拟机。你可以从下面的链接下载 Mininet-VM：

`https://github.com/mininet/mininet/wiki/Mininet-VM-Images.`

任何版本都可以工作。

以下将使用带有 OvS 2.3.1 的 Mininet-VM 虚拟机介绍如何配置。

操作指南

执行以下步骤。

1. 使用 `karaf` 脚本启动 OpenDaylight 发行版。使用客户端可以访问 Karaf CLI：

```
$ ./bin/karaf
```

2. 安装面向用户的功能，负责引入使用 YANG UI 所需的依赖包：

```
opendaylight-user@root>feature:install odl-vpnservice-intent
```

完成安装需要一分钟左右。

3. 在 Mininet-VM 虚拟机中创建拓扑。

- 使用以下凭证登录到 Mininet-VM：

- 用户名：mininet
- 密码：mininet

- 创建自定义拓扑。

拓扑的脚本位于以下位置：

```
$ wget -O shortest_path.py
https://gist.githubusercontent.com/adetalhouet/shortest_path.py
$  sudo mn --controller=remote,ip=${CONTROLLER_IP} --custom
~/shortest_path.py --topo shortest_path --switch
ovsk,protocols=OpenFlow13
```

这里，${CONTROLLER_IP}是运行 OpenDaylight 的主机的 IP 地址。

拓扑结构如下图所示，其中，OpenFlow:1 和 OpenFlow:3 是 PE 交换机，OpenFlow:42/43/44 是 P 交换机。PE 交换机之间有两条不相交的路由：

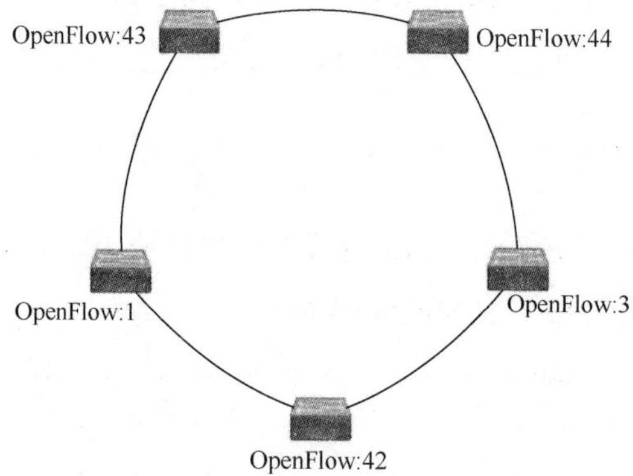

4. 创建一个具有所需约束的 VPN（slow-reroute 或 fast-reroute）。在这个例子中，我们将使用 slow-reroute。

- 方法：POST
- 头部信息：

  Authorization: Basic YWRtaW46YWRtaW4=

- URL：

  http://localhost:8181/restconf/operations/vpnintent:vpns/

- 主要内容：

```
{
```

```
    "vpn-intents": [
    {
    "vpn-name": "VPN #1"
    "path-protection": "true",
    "failover-type": "slow-reroute"
    }
  ]
  }
```


5. 添加第一个成员到 VPN。

- 方法：POST
- 头部信息：

  Authorization: Basic YWRtaW46YWRtaW4=

- URL：

  http://localhost:8181/restconf/operations/vpnintent:add-vpn-end point

- 内容：


```
  {
    "input": {
    "vpn-name": "VPN #1",
    "site-name": "site1",
    "ip-prefix": "10.0.0.1/32",
    "switch-port-id": "openflow:1:1"
    }
  }
```


6. 添加第二个成员到 VPN。

- 方法：POST
- 头部信息：

  Authorization: Basic YWRtaW46YWRtaW4=

- URL：

  http://localhost:8181/restconf/operations/vpnintent:add-vpn-end point

- 主要内容：


```
  {
    "input": {
    "vpn-name": "VPN #1",
```

```
  "site-name": "site2",
  "ip-prefix": "10.0.0.3/32",
  "switch-port-id": "openflow:3:1"
  }
}
```

7. 查看 OpenDaylight 数据存储中的当前配置。

- 方法：GET
- 头部信息：

  Authorization: Basic YWRtaW46YWRtaW4=
- URL：

  http://localhost:8181/restconf/config/vpnintent:vpns/
- 结果：

```
<vpns xmlns="urn:opendaylight:params:xml:ns:yang:vpnintent">
    <vpn-intents>
        <vpn-name>VPN #1</vpn-name>
        <failover-type>fast-reroute</failover-type>
        <path-protection>true</path-protection>
        <endpoint>
            <site-name>site1</site-name>
            <ip-prefix>10.0.0.1/32</ip-prefix>
            <switch-port-id>openflow:1:1</switch-port-id>
        </endpoint>
        <endpoint>
            <site-name>site3</site-name>
            <ip-prefix>10.0.0.3/32</ip-prefix>
            <switch-port-id>openflow:3:1</switch-port-id>
        </endpoint>
    </vpn-intents>
</vpns>
```

8. 查看安装在 OvS 实例中的流程。

```
mininet@mininet-vm:~$ sudo ovs-ofctl -O OpenFlow13 dump-flows
s1
OFPST_FLOW reply (OF1.3) (xid=0x2):cookie=0x2,
duration=96.839s, table=0, n_packets=0, n_bytes=0,
```

```
priority=10000,arp actions=CONTROLLER:65535,NORMAL cookie=0x2,
duration=96.827s, table=0, n_packets=20, n_bytes=1700,
priority=9500,dl_type=0x88cc actions=CONTROLLER:65535
cookie=0x0, duration=7.739s, table=0, n_packets=0, n_bytes=0,
priority=9000,ip,nw_src=10.0.0.1,nw_dst=10.0.0.3
actions=push_mpls:0x8847,set_field:494630->mpls_label,output:2
cookie=0x0, duration=7.724s, table=0, n_packets=0, n_bytes=0,
priority=9000,mpls,mpls_label=337082,mpls_bos=1
actions=pop_mpls:0x0800,output:1

mininet@mininet-vm:~$ sudo ovs-ofctl -O OpenFlow13 dump-flows
s2a
OFPST_FLOW reply (OF1.3) (xid=0x2):cookie=0x3,
duration=95.968s, table=0, n_packets=0, n_bytes=0,
priority=10000,arp actions=CONTROLLER:65535,NORMAL cookie=0x3,
duration=89.545s, table=0, n_packets=37, n_bytes=3145,
priority=9500,dl_type=0x88cc actions=CONTROLLER:65535
cookie=0x0, duration=7.747s, table=0, n_packets=0, n_bytes=0,
priority=9000,mpls,mpls_label=494630,mpls_bos=1
actions=output:3 cookie=0x0, duration=7.736s, table=0,
n_packets=0, n_bytes=0,
priority=9000,mpls,mpls_label=337082,mpls_bos=1
actions=output:2

mininet@mininet-vm:~$ sudo ovs-ofctl -O OpenFlow13 dump-flows
s3
OFPST_FLOW reply (OF1.3) (xid=0x2): cookie=0x1,
duration=97.781s, table=0, n_packets=0, n_bytes=0,
priority=10000,arp actions=CONTROLLER:65535,NORMAL cookie=0x1,
duration=97.778s, table=0, n_packets=20, n_bytes=1700,
priority=9500,dl_type=0x88cc actions=CONTROLLER:65535
cookie=0x0, duration=7.747s, table=0, n_packets=0, n_bytes=0,
priority=9000,mpls,mpls_label=494630,mpls_bos=1
actions=pop_mpls:0x0800,output:1 cookie=0x0, duration=7.746s,
table=0, n_packets=0, n_bytes=0,
```

```
priority=9000,ip,nw_src=10.0.0.3,nw_dst=10.0.0.1
actions=push_mpls:0x8847,set_field:337082->mpls_label,output:2
```

选择最短路径 s1-s2a-s3。

9. 让我们通过删除交换机 `s2a` 来测试路径故障转移：

```
mininet@mininet-vm:~$  sudo ovs-vsctl del-br s2a

mininet@mininet-vm:~$ sudo ovs-ofctl -O OpenFlow13 dump-flows
s1
OFPST_FLOW reply (OF1.3) (xid=0x2):cookie=0x2,
duration=96.839s, table=0, n_packets=0, n_bytes=0,
priority=10000,arp actions=CONTROLLER:65535,NORMAL cookie=0x2,
duration=96.827s, table=0, n_packets=20, n_bytes=1700,
priority=9500,dl_type=0x88cc actions=CONTROLLER:65535
cookie=0x0, duration=7.739s, table=0, n_packets=0, n_bytes=0,
priority=9000,ip,nw_src=10.0.0.1,nw_dst=10.0.0.3
actions=push_mpls:0x8847,set_field:494630->mpls_label,output:2
cookie=0x0, duration=7.724s, table=0, n_packets=0, n_bytes=0,
priority=9000,mpls,mpls_label=337082,mpls_bos=1
actions=pop_mpls:0x0800,output:1

mininet@mininet-vm:~$ sudo ovs-ofctl -O OpenFlow13 dump-flows
s2a
ovs-ofctl: s2a is not a bridge or a socket

mininet@mininet-vm:~$ sudo ovs-ofctl -O OpenFlow13 dump-flows
s2b
OFPST_FLOW reply (OF1.3) (xid=0x2):cookie=0x3,
duration=95.968s, table=0, n_packets=0, n_bytes=0,
priority=10000,arp actions=CONTROLLER:65535,NORMAL cookie=0x3,
duration=89.545s, table=0, n_packets=37, n_bytes=3145,
priority=9500,dl_type=0x88cc actions=CONTROLLER:65535
cookie=0x0, duration=7.747s, table=0, n_packets=0, n_bytes=0,
priority=9000,mpls,mpls_label=494630,mpls_bos=1
```

```
actions=output:3 cookie=0x0, duration=7.736s, table=0,
n_packets=0, n_bytes=0,
priority=9000,mpls,mpls_label=337082,mpls_bos=1
actions=output:2

mininet@mininet-vm:~$ sudo ovs-ofctl -O OpenFlow13 dump-flows
s2c
OFPST_FLOW reply (OF1.3) (xid=0x2):cookie=0x3,
duration=95.968s, table=0, n_packets=0, n_bytes=0,
priority=10000,arp actions=CONTROLLER:65535,NORMAL cookie=0x3,
duration=89.545s, table=0, n_packets=37, n_bytes=3145,
priority=9500,dl_type=0x88cc actions=CONTROLLER:65535
cookie=0x0, duration=7.747s, table=0, n_packets=0, n_bytes=0,
priority=9000,mpls,mpls_label=494630,mpls_bos=1
actions=output:3 cookie=0x0, duration=7.736s, table=0,
n_packets=0, n_bytes=0,
priority=9000,mpls,mpls_label=337082,mpls_bos=1
actions=output:2

mininet@mininet-vm:~$ sudo ovs-ofctl -O OpenFlow13 dump-flows
s3
OFPST_FLOW reply (OF1.3) (xid=0x2): cookie=0x1,
duration=97.781s, table=0, n_packets=0, n_bytes=0,
priority=10000,arp actions=CONTROLLER:65535,NORMAL cookie=0x1,
duration=97.778s, table=0, n_packets=20, n_bytes=1700,
priority=9500,dl_type=0x88cc actions=CONTROLLER:65535
cookie=0x0, duration=7.747s, table=0, n_packets=0, n_bytes=0,
priority=9000,mpls,mpls_label=494630,mpls_bos=1
actions=pop_mpls:0x0800,output:1 cookie=0x0, duration=7.746s,
table=0, n_packets=0, n_bytes=0,
priority=9000,ip,nw_src=10.0.0.3,nw_dst=10.0.0.1
actions=push_mpls:0x8847,set_field:337082->mpls_label,output:2
```

正向流现在被推到交换机 S2b 和 S2c。

工作原理

VPN 服务项目用于提供 REST 层来创建 VPN，执行 MPLS 标签管理，以及维护总体 MPLS VPN 状态信息。

通过使用支持 MPLS 的意图请求端点类型之间的适当隔离，VPN 规则本身将通过意图来实现。因此，VPN 服务对**基于意图的网络（NIC）**具有项目依赖性。

NIC 用于管理基于 MPLS 的新端点，当创建 VPN 时，它将具有建立 CE 设备之间连接所需的级别信息和 MPLS 意图。

端点将必须具有所需的 MPLS 信息，通过端点类型的信息映射到标签。

使用 USC 处理设备

统一安全信道（USC）是一个 OpenDaylight 项目，旨在实现 SDN 控制器和广域网内网元之间的安全和高性能通信信道。最近，我们看到了作为组成企业网络的元素类型：云基础架构、物联网设备和网络设备（NETCONF，OpenFlow 等）的增长。USC 提供通信渠道的集中管理，允许建立和移除这些管道。

最后，它提供了通过给定信道写入和读取字节的统计信息。项目体系结构包含负责控制器和网络元件之间通信的 USC 插件，支持 TLS 和 DTLS 协议。它还通过入站和出站渠道维护实时连接。USC 管理器提供高可用性、集群、安全性和对信道本身的监控。USC UI 允许你将当前已建立的信道及一些信息可视化，并且 USC 代理支持运行在网络元素中，代理用于维护实时连接，以便入站和出站信道与控制器进行通信。

预备条件

这个配置需要 USC 代理，我们将运行 USC 代理的虚拟机。另外，为了展示 USC 功能，将使用回应服务器来响应发送给 USC 代理的消息。

USC 项目和 USC 代理共享证书以提供安全的位置。这些证书将在`${ODL_ROOT}/etc/usc/certificates`下加载。提供的证书包括证书颁发机构信息、私钥和客户证书。

USC 代理、回应服务器和证书示例可以在这里找到：

`https://github.com/jgoodyear/OpenDaylightCookbook/tree/master/chapter3`

/chapter3 -recipe4

操作指南

执行以下步骤。

1．使用 karaf 脚本启动 OpenDaylight `Karaf` 发行版。通过这个脚本可以访问 Karaf CLI：

```
$ ./bin/karaf
```

2．安装面向用户的功能，负责引入连接 NETCONF 设备所需的所有依赖包：

```
opendaylight-user@root>feature:install odl-usc-channel-ui
```

完成安装需要一分钟左右。

3．使用 TCP 会话启动 USC 代理和回应服务器。

打开访问此 VM 的两个终端窗口，然后启动 USC 代理：

```
$ java -jar UscAgent.jar -t true
```

启动回应服务器：

```
$ java -jar EchoServer.jar -t true -p 2007
```

4．使用以下请求创建信道。需要 VM 的 IP 地址`${VM_IP_ADDRESS}`。

- 方法：`POST`
- 头部信息：

  Authorization: Basic `YWRtaW46YWRtaW4=`
- URL：

  `http://localhost:8181/restconf/operations/usc-channel:add-chann el`
- 主要内容：

```
{
  "input":{
      "channel":{
        "hostname":"${VM_IP_ADDRESS}",
        "port":2007,
        "remote":false,
        "tcp":true
      }
    }
}
```

如果请求正常，你将收到以下输出：

```
{
  "output": {
    "result": "Succeed to connect device(${VM_IP_ADDRESS}:2007)!"
  }
}
```

5．使用 REST 调用或使用 OpenDaylight DLUX 组件查看创建的信道。

（1）REST CALL：由 USC 插件编写的所有信息都位于 USC 拓扑下，因此，阅读包含在此拓扑中的内容。

- 方法：POST
- 头部信息：

  Authorization: Basic YWRtaW46YWRtaW4=
- URL：

  http://localhost:8181/restconf/operations/usc-channel:view-chan nel
- 主要内容：

```
{
   "input":{
     "topology-id":"usc"
   }
}
```

将返回包含信道信息的其他信息。例如，ID、运行 OpenDaylight（inocybe.local）的主机名、VM IP 地址（192.168.2.26），以及用于建立会话的协议类型（TLS）。还包含关于会话的数据。这是第一个创建的会话，有零个写入或读取字节：

```
"channel": [
          {
            "channel-id": "Controller:inocybe.local
            -Device:192.168.2.26-type:TLS",
            "channel-type": "TLS",
          --[cut]--
            "session": [
              {
                "session-id": "1",
                "bytes-in": 0,
```

```
          "bytes-out": 0,
          "termination-point": {
            "termination-point-id": "2007"
          },
        }
      ],
      "destination": {
        "dest-node": "192.168.2.26"
      }
    --[cut]--
    }
  ]
```


（2）导航至 http://localhost:8181/index.html: 使用 admin/admin 登录。单击网页右边的 USC 标签。

6. 通过频道发送消息。为此，你需要运行 USC 代理的 VM 的 IP 地址，运行回应服务器是否使用 TCP 及消息内容的端口。

- 方法：POST
- 头部信息：

Authorization: Basic YWRtaW46YWRtaW4=

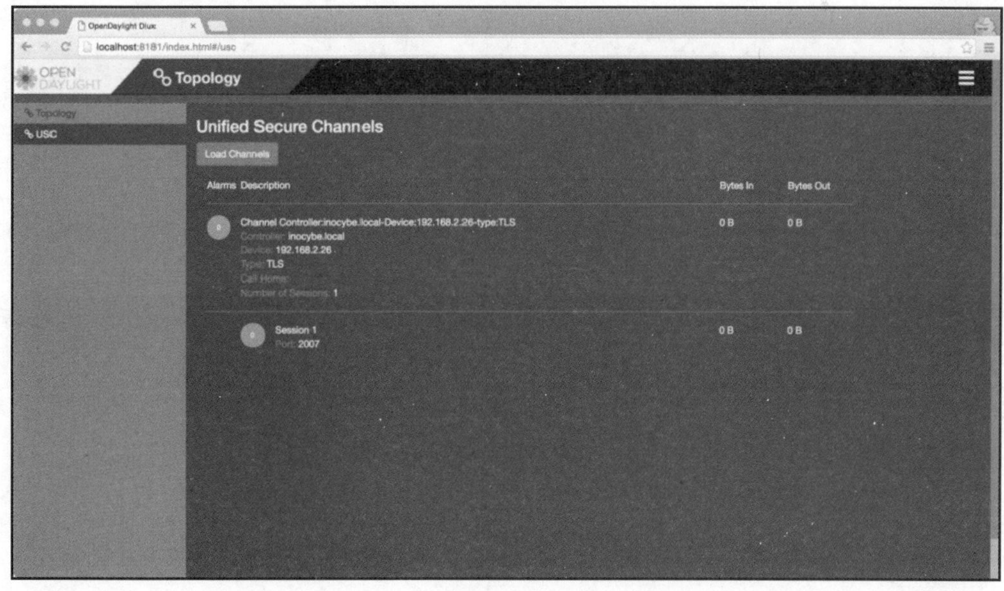

- URL：
  http://localhost:8181/restconf/operations/usc-channel:send-message
- 主要内容：

```
{
  "input":{
      "channel":{
          "hostname":"192.168.2.26",
          "port":"2007",
          "tcp":"true",
          "content":"This is a test message."
      }
    }
}
```

这个请求会返回一条消息说它有效。这里的返回消息将与发送的消息类似，因为我们使用的是回应服务器。使用你自己的设备，可以定义返回语句，并且在收到消息时可以根据需要做出反馈：

```
{
  "output": {
    "result": "Succeed to send request to
device(192.168.2.26:2007),content is This is a test message."
  }
}
```

7．再次查看频道信息。现在我们可以看到输入和输出字节的数量增加了。使用与步骤 5 中定义的相同的过程。

以下是频道当前会话 1 的输出。可以看到已增加的字节数，显示每个会话和整个频道的字节数：

```
"channel": [
          {
            "channel-id": "Controller:inocybe.local
            -Device:192.168.2.26-type:TLS",
            "source": {
              "source-node": "inocybe.local"
            },
```

```
            "sessions": 1,
            "channel-type": "TLS",
            "call-home": "",
            "channel-alarms": 0,
            "session": [
              {
                "session-id": "1",
                "bytes-in": 23,
                "termination-point": {
                  "termination-point-id": "2007"
                },
                "session-alarms": 0,
                "bytes-out": 23
              }
            ],
            "destination": {
              "dest-node": "192.168.2.26"
            },
            "bytes-in": 23,
            "bytes-out": 23
          }
        ]
```

8. 删除会话，清理所有统计信息。

- 方法：POST
- 头部信息：

  Authorization: Basic YWRtaW46YWRtaW4=

- URL：

  http://localhost:8181/restconf/operations/usc-channel:remove-ch annel

- 主要内容：

```
{
  "input":{
      "channel":{
          "hostname":"192.168.2.26",
          "port":"2007",
```

```
                "tcp":"true"
            }
        }
    }
```

该请求会以消息的形式回复说该信道已成功删除：

```
    {
      "output": {
        "result": "Succeed to remove device(192.168.2.26:2007)!"
      }
    }
```

可以发送在第5步看到的请求。会看到信道仍然存在，但会话已经被删除。

工作原理

使用 Netty，一种异步事件驱动的网络应用程序框架，在创建通道时建立信道管道，USC 插件将首先在主机和远程设备之间建立会话。然后它将在会话内创建入站和出站通道以启用双向通信。会话的创建是通过使用由 OpenDaylight 和 USC 代理提供的证书完成的。它们必须是相同的，否则连接将无法建立。

在这个例子中，我们使用了一个回应服务器，它作为发送消息的回调，发回它的内容。

更多信息

可以为同一个频道创建多个会话。为此，在步骤3中，在另一个端口上，打开 VM 的另一个终端控制台，并再次启动回应服务器：

1. `$java-jar EchoServer.jar-t true -p 2008`。
2. 使用步骤4创建指定此端口的信道。
3. 发送请求以查看信道。查看步骤5发送的请求。

这次的回应将包含两个会话：

```
    --[cut]--
                "session": [
                  {
                    "session-id": "2",
```

```
                    "bytes-in": 0,
                    "termination-point": {
                      "termination-point-id": "2008"
                    },
                    "session-alarms": 0,
                    "bytes-out": 0
                  },
                  {
                    "session-id": "1",
                    "bytes-in": 0,
                    "termination-point": {
                      "termination-point-id": "2007"
                    },
                    "session-alarms": 0,
                    "bytes-out": 0
                  }
                ]
--[cut]--
```


可以根据需要为每个频道设置多个会话。这意味着你可以在同一主机上运行多个设备，并且可以使用相同的安全通道连接到每个设备。

使用物联网的机器到机器协议

物联网数据管理（IoTDM）项目实现 oneM2M 协议的子集。其目的是提供一个通用的机器到机器层，可以嵌入各种设备和软件。它尽可能遵循最新的 M2M 规范，可在以下网站公开获取：http://www.onem2m.org/technical/published-documents。

OpenDaylight IoTDM 项目提供以数据为中心的中间件，充当 oneM2M 代理。它还使授权应用程序能够访问并获取任何设备上传的数据。以数据为中心的体系结构背后的原因是为感兴趣的应用程序提供单一版本的全局数据空间，优化网络流量和应用程序处理，以及从物联网域添加或删除设备。

IoTDM 项目能够与数据生产者，如传感器、物联网管理系统和数据使用者，进行交互。它支持约束应用协议（**CoAP**）、**MQ** 遥测传输（**MQTT**）和 **HTTP** 南向协议。该项目允许在给定资源集上，例如 CSEBase、AE、容器、内容实例、订阅、访问控制策略和节点上，创建、检索、更新、删除和通知操作。随着项目的发展，将会支持更多的资源。

预备条件

这个配置需要 OpenDaylight 来编写 IoTDM 服务和一个 REST 客户端。建议你下载并使用 PostMan（`https://www.getpostman.com`），因为它是一个非常方便的工具，可让你导入定义的 REST API 集合及其有效负载。

下面是我们将在这章中使用的相关信息：

```
https://www.getpostman.com/collections/f2a7e723ee6da44715e9
```

操作指南

执行以下步骤。

1. 使用 `karaf` 脚本启动 OpenDaylight 发行版。使用这个脚本可以访问 Karaf CLI：

```
$ ./bin/karaf
```

2. 安装面向用户的功能，负责引入启用 LACP 功能所需的依赖包：

```
opendaylight-user@root>feature:install odl-iotdm-onem2m
```

需要几分钟才能完成安装。

3. 启动 PostMan 客户端并导入之前链接的集合，然后执行以下步骤。

① 在 PostMan 窗口的顶部，单击 Import。

② 从弹出窗口中，选择“Import From Link”项目。

③ 粘帖 `https://www.getpostman.com/collections/f2a7e723ee6da44715e9`。

4．单击 Import，应该会看到一条消息，指出集合已导入，现在可以从侧栏获得。

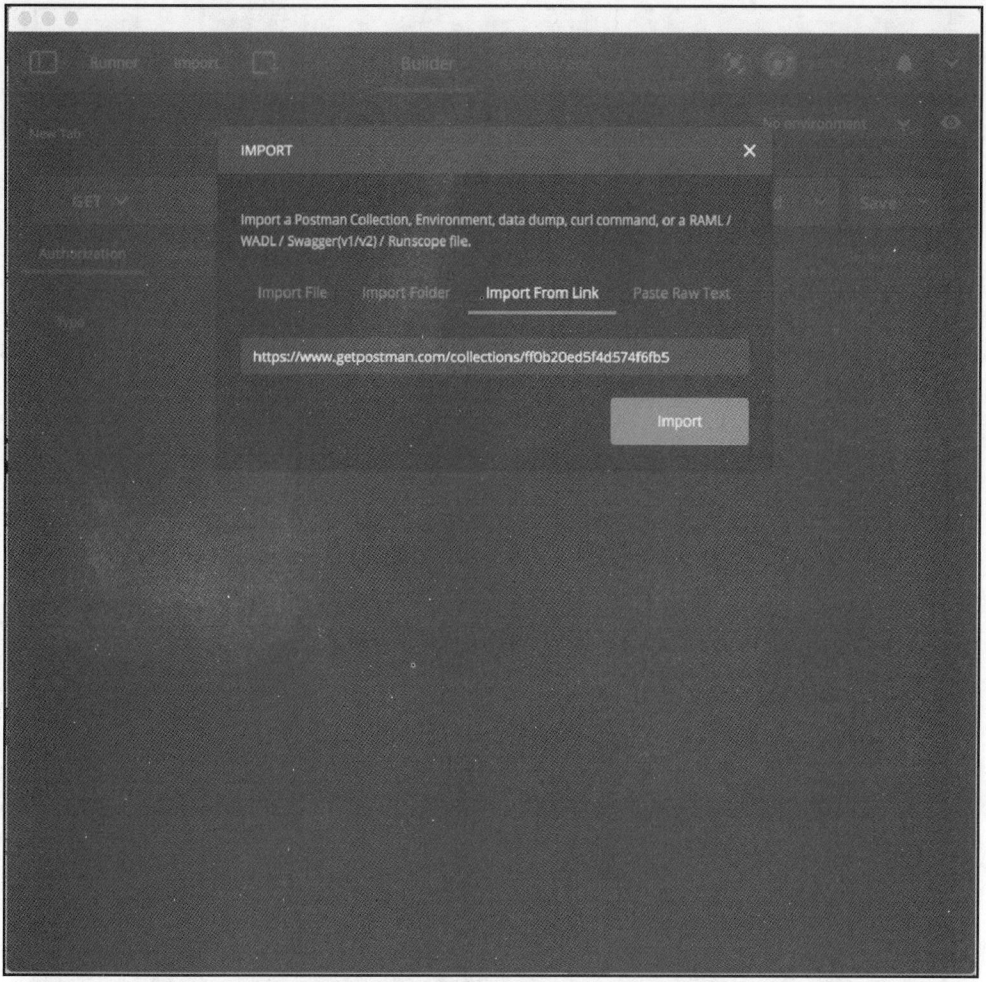

5．单击 Show/Hide 侧边栏右上角的按钮。

6．单击“Basic IOTDM CRUD Test”文件夹。现在可以用 REST API 来测试该应用程序：

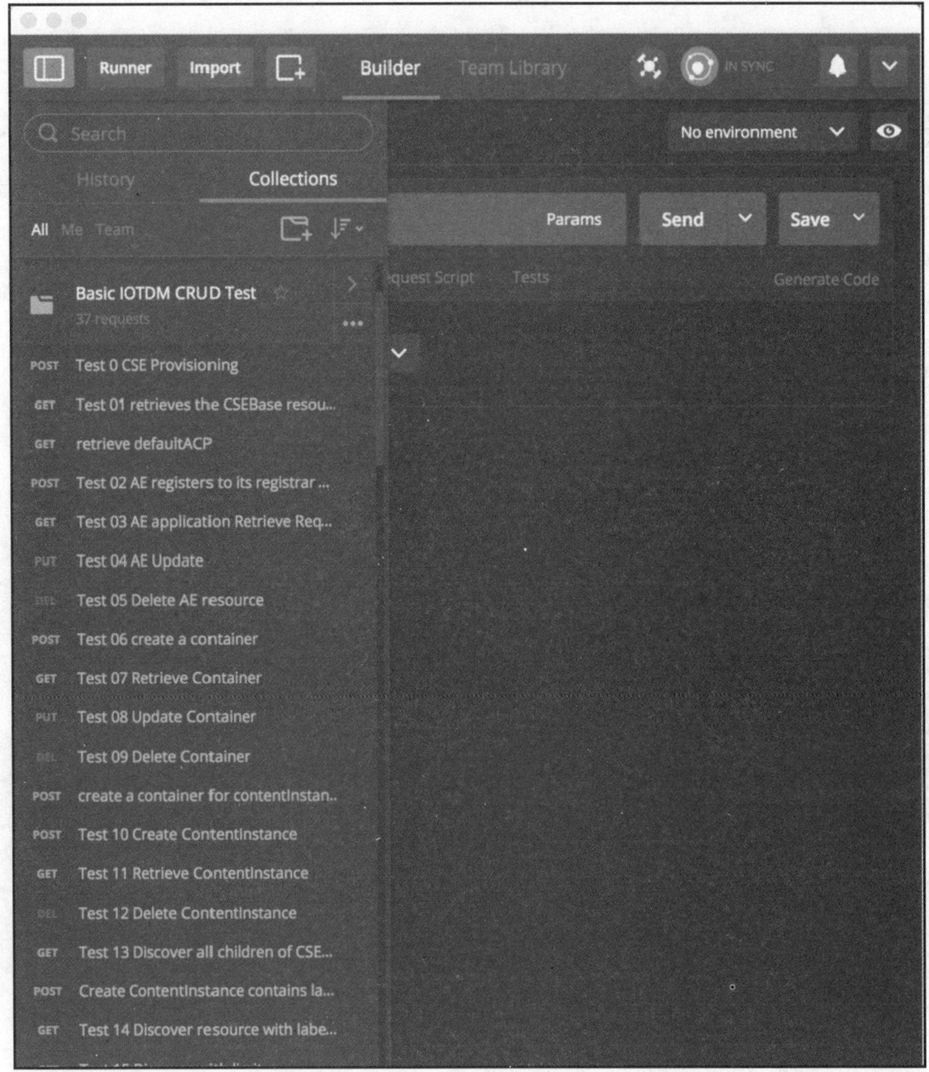

7. 提供一个名为 InCSE1 的公共服务实体（CSE）。

- 方法：POST
- 头部信息：

  Authorization: Basic YWRtaW46YWRtaW4=

- URL：

  http:// localhost:8181/restconf/operations/onem2m:onem2mcse-provisioning

- 主要内容：

```
{
    "input":{
      "onem2m-primitive":[
          {
            "name":"CSE_ID",
            "value":"InCSE1"
          },
          {
            "name":"CSE_TYPE",
            "value":"IN-CSE"
          }
        ]
    }
}
```

8. 应用程序实体（AE）注册到其注册器 CSE。

X-M2M-Origin 代表请求的作者，X-M2M-RI 是请求标识符参数。

- 方法：POST
- 头部信息：

  Content-Type: application/vnd.onem2m-res+json;ty=2

  X-M2M-Origin: Test_AE_ID

  X-M2M-RI: 12345

- URL：

  http://localhost:8282/InCSE1

- 主要内容：

```
{
  "m2m:ae":{
     "api":"testAppId",            /*Application ID*/
     "apn":"testAppName",          /*Application name*/
     "rn":"TestAE",                /*Resource name*/
     "or":"http://ontology/ref", /*On topology reference*/
     "rr":true                   /*Request reachability*/
   }
}
```

9. 请求 AE 发送创建请求，创建名为 `TestContainer` 的容器。

- 方法：POST
- 头部信息：

  Content-Type: `application/vnd.onem2m-res+json;ty=3`

  X-M2M-Origin: `//iotsandbox.cisco.com:10000`

  X-M2M-RI: `12345`

- URL：

  `http://localhost:8282/InCSE1`

- 主要内容：

```
{
  "m2m:cnt":{
     "rn":"TestContainer"          /*Resource name*/
   }
}
```

10. 在 `TestContainer` 中创建一个名为 `Cin2` 的内容实例。

- 方法：`POST`
- 头部信息：

  Content-Type: `application/vnd.onem2m-res+json;ty=4`

  X-M2M-Origin: `//iotsandbox.cisco.com:10000`

  X-M2M-RI: `12345`

- URL：

  `http://localhost:8282/InCSE1/TestContainer`

- 主要内容：

```
{
```

```
    "cin":{
        "con":"CCDS",                    /*Content/*
        "rn":"Cin1"                          /*Resource name*/
    }
}
```

11. 获取步骤 4 中创建的 CSE `InCSE1` 下的所有子代。

- 方法：`GET`
- 头部信息：

  Content-Type: `application/vnd.onem2m-res+json`

  X-M2M-Origin: `//iotsandbox.cisco.com:10000`

  X-M2M-RI: `12345`

- URL：

  `http://localhost:8282/InCSE1?fu=1`

将检索有关 CSE 的所有信息及其封闭子代、AE、容器和内容实例。它也有默认的访问控制策略。

12. 获得位于 CSE `InCSE1` 下的给定数量的子代。

- 方法：`GET`
- 头部信息：

  Content-Type: `application/vnd.onem2m-res+json`

  X-M2M-Origin: `//iotsandbox.cisco.com:10000`

  X-M2M-RI: `12345`

- URL：

  `http://localhost:8282/InCSE1?fu=1&lim=2`

此请求中的限制设置为 `2`。请参阅 URL 中的 `lim` 参数。你可以增加或减少此数字以检索所需数量的元素。

13. 创建订阅以获取有关位于 CSE `InCSE1` 中的给定容器中发生变化的通知。

- 方法：`POST`
- 头部信息：

  Content-Type: `application/vnd.onem2m-res+json;ty=23`

  X-M2M-Origin: `//iotsandbox.cisco.com:10000`

  X-M2M-RI: `12345`

- URL：
  http://localhost:8282/InCSE1/TestContainer

工作原理

IoTDM 项目提供并实施 RPC，实现与一个 M2M 资源子集的交互。RPC 是一种远程过程调用，旨在以同步方式处理并提供比 REST 调用更少的延迟。对于每个 RPC，其关联的实现对应于将定义预期行为的回调。IoTDM 项目将 oneM2M 资源定义为模型，从而使用 OpenDaylight 提供的 MD-SAL 体系结构提供树。当资源被修改时，通知者将向用户发出 oneM2M 通知。该过程使用发布-订阅类型的机制。最后，IoTDM 项目实现了三个南向协议，约束应用协议（CoAP-RFC-7252）、MQTT 和 HTTP 协议，这是配置中使用的协议。

控制电缆调制解调器终端系统

OpenDaylight 的 **PacketCable 多媒体**（**PCMM**）项目是一个界面，可让你控制和管理**电缆调制解调器终端系统**（**CMTS**）网络元素的服务流程。服务流程使用**有线电缆数据服务接口规范**（**DOCSIS**）标准实现 CMTS 和**电缆调制解调器**（**CM**）之间的**动态服务质量**（**DQoS**）。该项目由策略服务器组成，策略服务器为每个用户和应用程序分配网络资源，指定每个应用程序对策略服务器的 QoS 要求的应用程序管理器，基于带宽容量执行策略的 CMTS，以及连接到客户端网络的 CM（电缆系统）。

预备条件

这项配置只需要一个 CTMS 设备。如果没有，可以使用 PCCM 项目提供的 CMTS 仿真器。

我们将在这部分配置内容介绍中使用这个模拟器。对于那些不需要使用它的读者，请直接查阅下一节给出的步骤 4。

前面介绍过 PostMan 工具和 PostMan 收藏。对于这部分配置，我们也会使用 PostMan 收藏（https://www.getpostman.com/collections/e58cca444488dd90753b），它提供了所有必须的 API。这个集合需要一个 PostMan 环境，可以从

https://github.com/jgoodyear/OpenDaylightCookbook/blob/master/chapter3/chapter3-recipe6/PCMM_Sample_Local.postman_environment 中获取。PostMan 环境让你设置默认值。将原始数据复制并粘贴到导入部分，然后在右上角有一个下拉框，你可以在其中选择环境。选择本地的 PCMM 示例。通过单击右键（看起来像一只眼睛的那个图标），你会看到该环境的相关内容。

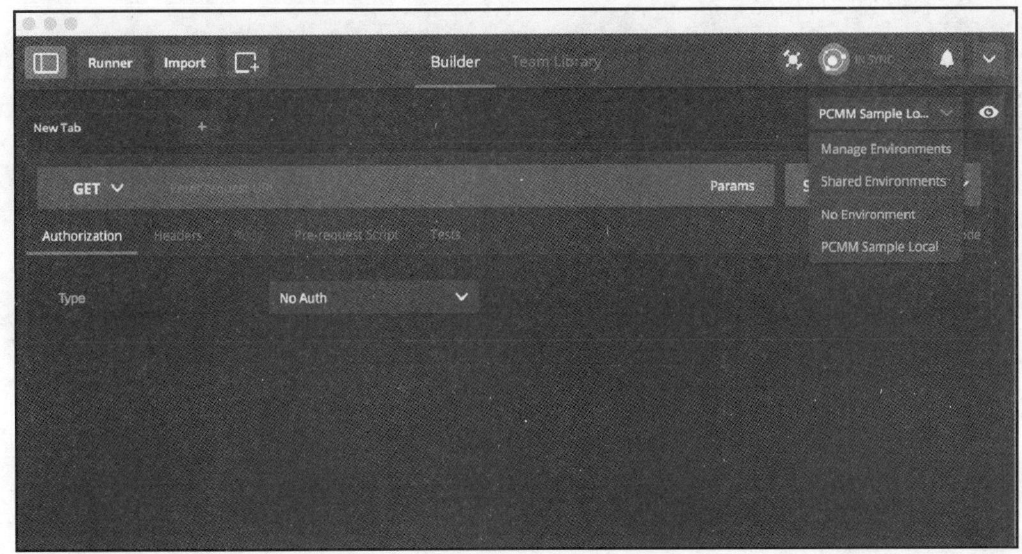

操作指南

执行以下步骤。

1. 获取 packetcable-emulator JAR：

https://nexus.opendaylight.org/content/repositories/opendaylight.release/org/opendaylight/packetcable/packetcable-emulator/1.4.2-BoronSR2/packetcable-emulator-1.4.2-Boron-SR2.jar

如果你想查看源代码，自己构建仿真器，请使用以下命令来克隆源代码存储库，生成 JAR 文件：

```
$ git clone --branch release/boron-sr2
https://git.opendaylight.org/gerrit/packetcable
$ cd packetcable/packetcable-emulator/
$ mvn assembly:assembly
```

目标文件夹保存的是 JAR 文件（-jar-withdependencies.jar）。

2．用包含以下值的 YAML 格式创建一个配置文件。

- 通信端口：

```
port: 3918
```

- 本 CMTS 支持的每个门的最大分类器数量：

```
numberOfSupportedClassifiers: 4
```

- 服务类名称的配置：

```
serviceClassNames:
   - direction: UPSTREAM
     names:
       -extrm_up
       -foo_up
   -direction: DOWNSTREAM
    names:
     -extrm_dn
     -foo_dn
```

- 电缆调制解调器信息：

```
cmStatuses:
  -host: 10.32.110.180
    status: true
  -host: 10.32.110.179
    status: true
```

3．使用 JAR 和配置文件启动仿真器，如下所示：

```
$ java -cp packetcable-emulator-1.4.2-Boron-SR2-jar-with-
dependencies.jar org.pcmm.rcd.impl.CMTS {path to yaml}
22:00:02.966 [main] INFO  org.pcmm.concurrent.IWorkerPool -
Pool size :32
22:00:02.984 [main] INFO  org.pcmm.rcd.impl.AbstractPCMMServer
- Server started and listening on port :3918
```

4．使用 karaf 脚本启动 OpenDaylight 发行版。使用以下脚本可以访问 Karaf CLI：

```
$ ./bin/karaf
```

5．安装面向用户的功能，引入启用用户认证所需的依赖包：

```
opendaylight-user@root>feature:install odl-packetcable-policyserver
```

需要几分钟才能完成安装。

6．在设置 PCMM 门之前，需要在 OpenDaylight 和 CTMS 融合有线接入平台（**CCAP**）之间建立一个持久连接（添加 PostMan 收集的 `CCAP 1` 请求）。

将连接到之前配置和启动的模拟设备之一（你可以在此使用自己的设备）。该请求将需要设备的 IP 地址和端口，以及下行和上行服务类名称。

如果你使用模拟器，则需要使用运行它的主机的 IP 地址。

最后，必须在 URL 和有效负载中为`$ {ID}`定义新条目（`$ {ID}`是一个字符串）。

- 方法：`PUT`
- 头部信息：

  Authorization: Basic `YWRtaW46YWRtaW4=`
- URL：

  `http://localhost:8181/restconf/config/packetcable:ccaps/ccap/${ ID}`
- 主要内容：

```
{
    "ccap": [{
        "ccapId": "${ID}",
        "amId": {
            "am-tag": "0xcada",
            "am-type": "1"
        },
        "connection": {
            "ipAddress": "10.32.110.180",
            "port": "3918"
        },
        "subscriber-subnets": [
            "10.32.110.1/24"
        ],
        "downstream-scns": [
            "extrm_dn"
        ],
        "upstream-scns": [
```

```
                "extrm_up"
            ]
        }]
    }
```

如果与 CCAP 的连接成功，则 HTTP 请求将返回 `200 OK`。你会在启动模拟器的命令行中看到很多活动。第一条消息是新的连接：

```
[pool-2-thread-1] INFO  org.pcmm.rcd.impl.AbstractPCMMServer -Accep
ted a new connection from :192.168.2.11:49682
```

一旦建立连接，就会有一个保持活动的机制来确保连接运行。

7. 验证我们刚创建的连接状态（操作——获取所有 CCAP）。

对于这个请求，我们将使用数据存储操作，提供操作数据。它反映了设备的当前状态。

- 方法：GET
- 头部信息：

  Authorization: Basic YWRtaW46YWRtaW4=

- URL：

  http://localhost:8181/restconf/operational/packetcable:ccaps/cc ap/${ID}

该请求返回${ID}=1 的设备的连接信息。我们的设备目前已连接：

```
{
  "ccap": [
    {
      "ccapId": "1",
      "connection": {
        "connected": true
      }
    }
  ]
}
```

8. 现在让我们创建一个门。为此，提交以下请求：

```
Gate w/ classifier
```

用配置文件中定义的第一个电缆调制解调器作为门。

为这个请求定义三个变量：

${APPLICATION_CLASSIFIER},${SUBSCRIBER_ID},${GATE_ID}。

- 方法：PUT
- 头部信息：

  Authorization: Basic YWRtaW46YWRtaW4=

- URL：

  http://localhost:8181//restconf/config/packetcable:qos/apps/app /${APPLICATION_CLASSIFIER}/subscribers/subscriber/${SUBSCRIBER_ID}/gates/gate/${GATE_ID}/

- 主要内容：

```
{
"gate":
  {
  "gateId": "${APPLICATION_CLASSIFIER}",
  "classifiers":
    {
     "classifier-container":
      [
      {
      "classifier-id": "1",
      "classifier":
        {
        "srcIp": "10.10.10.0",
        "dstIp": "10.32.110.178",
        "protocol": "0",
        "srcPort": "1234",
        "dstPort": "4321",
        "tos-byte": "0xa0",
        "tos-mask": "0xe0"
        }
      }
      ]
    },
     "gate-spec":
      {
```

```
        "dscp-tos-overwrite": "0xa0",
        "dscp-tos-mask": "0xff"
        },
         "traffic-profile":
          {
          "service-class-name": "extrm_up"
          }
    }
  }
```

如果请求进行得很顺利，将返回 200OK，并且你将在终端控制台中看到活动信息，称门已被成功处理：

```
[Thread-0] INFO  org.pcmm.rcd.impl.CmtsPepReqStateMan -
Returning SUCCESS for gate request [extrm_up] direction
[Upstream] for host - 10.32.110.180
```

工作原理

该项目使用 DOCSIS 抽象层来管理 DOCSIS 本身和 PCMM 特定属性，并存储、更改服务流应用的默认 QoS 值。该组件还负责添加或删除 CTMS 设备。它提供特定于 DOCSIS 的北向 REST API。南向组件允许使用**公共开放策略服务**（COPS）协议与 CMTS 通信。它实现了此处定义的 PCMM/COPS/PDP 功能：

http://www.cablelabs.com

创建门时，可以在三种不同类别的分类器之间选择：标准类型（本例中使用）、扩展类型和 IPv6 类型。

动态互连

在本章，我们将介绍以下内容：

- 在 OpenDaylight 中使用 SNMP 插件；
- 在 SDN 环境中管理以太网交换机；
- 使传统设备自动化；
- OpenFlow 交换机的远程配置；
- 动态更新网络设备 YANG 模型；
- 确保网络引导基础设施的安全；
- 为企业提供虚拟私有云服务；
- 使用 OpenDaylight 管理支持 SXP 的设备；
- 使用 OpenDaylight 作为 SDN 控制器服务器。

内容概要

在本章中，我们将重点介绍如何在 SDN 环境中的网络设备之间建立动态连接。由于 SNMP 和 OpConf 等网络管理和配置协议不同，OpenDaylight 实现了不同协议的南向 API，可以管理大量的网络设备。

在 OpenDaylight 中使用 SNMP 插件

简单网络管理协议（SNMP）广泛用于配置和收集来自网络设备的信息。SNMP 插件允许网络应用程序与使用 SNMP 的网络设备进行通信。

预备条件

在这个例子中，你将了解 OpenDaylight 如何使用 SNMP 协议连接到网络设备以检索设备数据。要逐步完成这个配置，需要一个新的 OpenDaylight Beryllium 发行版和 SNMP 模拟器，并需要从 GitHub 存储库下载配置文件夹。

操作指南

执行以下步骤。

1. 使用 `karaf` 脚本启动 OpenDaylight 发行版。使用此客户端可以访问 Karaf CLI：

```
$ cd distribution-karaf-0.4.1-Beryllium-SR1/
$ ./bin/karaf
________ ________ .__ .__ .__ __
\______ \ ______ ____ ____ \______ \ _____ ___.__.| | |__| ____
| |__/ |_
/ | \\____ \_/ __ \ / \ | | \\__ \< | || | | |/ ___\| | \ __\
/ | \ |_> > ___/| | \| ` \/ __ \\___ || |_| / /_/ > Y \ |
\_______ / __/ \___ >___| /_______ (____ / ____||____/__\___
/|___| /__|
\/|__| \/ \/ \/ \/\/ /_____/ \/
Hit '<tab>' for a list of available commands
and '[cmd] --help' for help on a specific command.
Hit '<ctrl-d>' or type 'system:shutdown' or 'logout' to   shut
down OpenDaylight.
opendaylight-user@root>
```

2. 使用以下命令安装 SNMP 插件南向 API 功能：

```
opendaylight-user@root> feature:install odl-snmp-plugin
opendaylight-user@root> feature:install odl-restconf-all
opendaylight-user@root> feature:install odl-dlux-all
```

你可以使用以下命令在 Karaf CLI 中检查 OF-Config 安装的功能：

```
opendaylight-user@root> feature:list -i | grep snmp
```

你应该在 Karaf CLI 中看到以下内容：

```
opendaylight-user@root>feature:list | grep snmp
odl-snmp4sdn-all                    | 0.3.1-Beryllium-SR1 |     | odl-snmp4sdn                  | OpenDaylight :: SNMP4SDN :: All
odl-snmp4sdn-snmp4sdn               | 0.3.1-Beryllium-SR1 |     | odl-snmp4sdn                  | OpenDaylight :: SNMP4SDN :: Plugin
odl-tsdr-snmp-data-collector        | 1.1.1-Beryllium-SR1 |     | odl-tsdr-1.1.1-Beryllium-SR1  | OpenDaylight :: TSDR :: SNMP Data Collec
tor
odl-snmp-plugin                     | 1.1.1-Beryllium-SR1 | x   | odl-snmp-1.1.1-Beryllium-SR1  | OpenDaylight :: snmp-plugin :: SNMP
```

3. 如果你没有支持 SNMP 的真实交换机，则需要安装 SNMP 模拟器。打开一个新的控制台，并运行以下命令：

```
$ easy_install snmpsim
```

有关免费 SNMP 模拟器的更多信息，请查看网站 http://snmpsim.sourceforge.net/download.html。

4. 有两种使用 SNMP 模拟器的选项：

可以在本地机器上运行 SNMP 代理，也可以使用由其提供的公共 SNMP 模拟器 http://snmpsim.sourceforge.net/public-snmpsimulator.html。

使用以下命令运行本地 SNMP 模拟器：

```
$ snmpsimd.py-agent-udpv4-endpoint=127.0.0.1:1161
```

然后，需要打开一个新的控制台，并运行 SNMP 代理程序：

```
$snmpwalk-On-v2c-c public localhost:1161 1.3.6
```

使用 SNMP 代理 http://snmpsim.sourceforge.net/public-snmp-simulator.html。使用下面的命令：

```
$snmprec.py--agent-udpv4-endpoint=demo.snmplabs.com
```

应该可以看到所有 SNMP OID 及其值：

```
SNMP version 2c, Community name: public
Querying UDP/IPv4 agent at 195.218.195.228:161
Agent response timeout: 3.00 secs, retries: 3
Sending initial GETBULK request for 1.3.6 (stop at <end-of-mib>)....
1.3.6.1.2.1.1.1.0|4x|53756e4f53207a6575732e736e6d706c6162732e636f6d20342e312e335f553120312073756e346d
1.3.6.1.2.1.1.2.0|6|1.3.6.1.4.1.20408
1.3.6.1.2.1.1.3.0|67|150288885
1.3.6.1.2.1.1.4.0|4x|534e4d50204c61626f7261746f726965732c20696e666f40736e6d706c6162732e636f6d
1.3.6.1.2.1.1.5.0|4x|7a6575732e736e6d706c6162732e636f6d
1.3.6.1.2.1.1.6.0|4x|4d6f73636f772c20527573736961
1.3.6.1.2.1.1.7.0|2|72
1.3.6.1.2.1.1.8.0|67|150288886
1.3.6.1.2.1.1.9.1.2.1|6|1.3.6.1.4.1.20408.1.1
1.3.6.1.2.1.1.9.1.3.1|4x|4e65772073797374656d206465736372697074696f6e
1.3.6.1.2.1.1.9.1.4.1|67|12
1.3.6.1.2.1.2.2.1.1.1|2|1
1.3.6.1.2.1.2.2.1.1.2|2|2
1.3.6.1.2.1.2.2.1.2.1|4|eth0
1.3.6.1.2.1.2.2.1.2.2|4|eth1
1.3.6.1.2.1.2.2.1.3.1|2|6
1.3.6.1.2.1.2.2.1.3.2|2|6
1.3.6.1.2.1.2.2.1.4.1|2|1500
1.3.6.1.2.1.2.2.1.4.2|2|1500
1.3.6.1.2.1.2.2.1.5.1|66|100000000
1.3.6.1.2.1.2.2.1.5.2|66|100000000
1.3.6.1.2.1.2.2.1.6.1|4x|00127962f940
1.3.6.1.2.1.2.2.1.6.2|4x|00127962f941
1.3.6.1.2.1.2.2.1.7.1|2|1
```

5．现在，可以使用 OpenDaylight 的 YANGUI 可视化工具来检索 SNMP 代理信息。打开浏览器并转到以下 URL：http://localhost:8181/index.html#/yangui。

默认的用户名和密码是 `admin` 和 `admin`。然后从主页面选择 YangUI 面板并向下滚动 YANG 模型面板，直到看到 snmp rev.2014-09-22 模型。

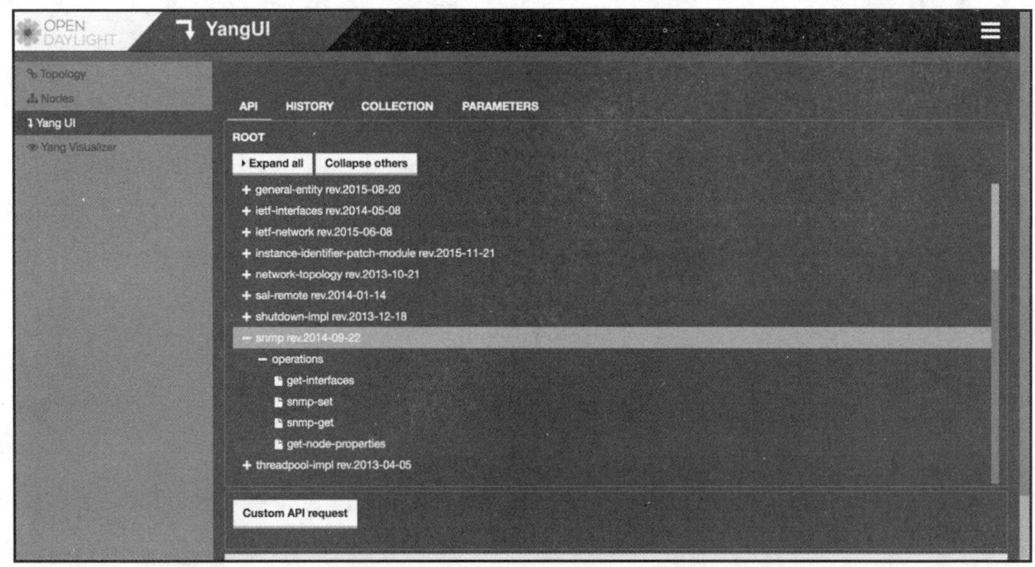

如上图所示，在前面的屏幕截图中，有 4 个 RPC 调用可用于检索 SNMP 切换信息：get-interface、snmp-set、snmp-get 和 get-node-properties。

6．在配置文件夹 `chapter4-recipe1` 中，SNMP-`Plugin.postman_ collection.json` 文件包含配置要连接的先前 RPC 调用的定义 `http://snmpsim.sourceforge.net/public-snmp-simulator.html`。使用 PostMan 或 REST API 客户端导入 postman_collection.json file 文件。你应该可以看到下面内容：get interfaces, get node properties 和 get snmp，如以下屏幕截图所示。在我们连接到模拟 SNMP 设备时，请使用 get interfaces 来检索设备主要数据。

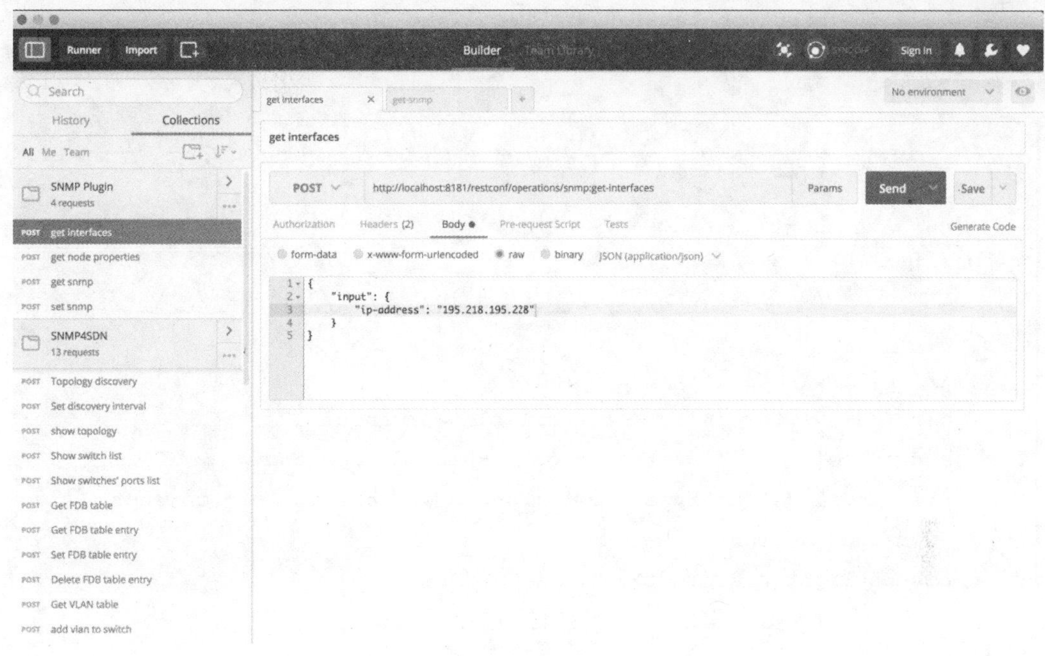

在 SDN 环境中管理以太网交换机

使用 SNMP4SDN 插件管理 SDN 环境中的以太网交换机。SNMP4SDN 插件可让你使用 SNMP 插件配置以太网交换机的转发表和 ACL。

预备条件

这项配置需要 OpenDaylight Beryllium 发行版，你需要从本书的 GitHub 存储库下载配置文件夹。在本小节中，你将学习如何使用 OpenDaylight 在以太网交换机中安装流配置，并管理不同供应商提供的以太网交换机。

操作指南

执行以下步骤。

1. 使用 `karaf` 脚本启动 OpenDaylight 发行版。使用此客户端可以访问 Karaf CLI：

```
$ cd distribution-karaf-0.4.1-Beryllium-SR1/
$ ./bin/karaf
________ ________ .__ .__ .__ __
\_____ \ ______ ____ ____ \______ \ _____ ___.__.| | |__| ____
| |___/ |_
/ | \\____ \_/ __ \ / \ | | \\__ \< | || | | |/ ___\| | \ __\
/ | \ |_> > ___/| | \| ` \/ __ \\___ || |_| / /_/ > Y \ |
\_______ / __/ \___ >___| /_______ (____ / ____||____/__\___
/|___| /__|
\/|__| \/ \/ \/ \/\/ /_____/ \/
Hit '<tab>' for a list of available commands
and '[cmd] --help' for help on a specific command.
Hit '<ctrl-d>' or type 'system:shutdown' or 'logout' to shut
down OpenDaylight.
opendaylight-user@root>
```

2. 使用以下命令安装 SNMP4SDN 插件功能：

```
opendaylight-user@root> feature:install odl-snmp4sdn-all
```

可以使用以下命令在 Karaf CLI 中检查 OF-Config 安装的功能：

```
opendaylight-user@root> feature:list -i | grep snmp4sdn
```

你应该在 Karaf CLI 中看到类似以下内容：

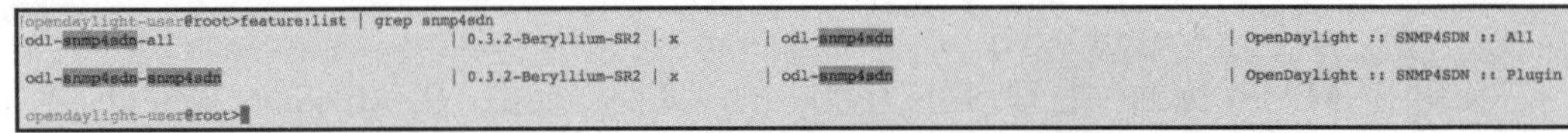

3. OpenDaylight 需要有关于 SDN 网络中可用以太网交换机的基本信息。配置文件夹中的 snmp4sdn_swdb.csv 存在示例切换信息列表：

```
Mac-Address,IP-Address,SNMP_Community,UserName,Password,Model
90:94:e4:23:13:e0,192.168.0.32,private,admin,password,D-
Link_DGS3650
90:94:e4:23:0b:00,192.168.0.33,private,admin,password,D-
Link_DGS3650
90:94:e4:23:0b:20,192.168.0.34,private,admin,password,D-
Link_DGS3650
```

4. 需要将 snmp4sdn_swdb.csv 文件复制到 etc 文件夹下的 OpenDaylight 发行版目录中。

5. 加载 OpenDaylight，切换列表。在 OpenDaylight Karaf CLI 中运行以下命令：

```
$ snmp4sdn:ReadDB etc/snmp4sdn_swdb.csv
```

```
opendaylight-user@root>snmp4sdn:ReadDB etc/snmp4sdn_swdb.csv
MAC_address (sid)                                IP_address     SNMP_community  CLI_username    CLI_password    Model_name
========================================================================
00:00:90:94:e4:23:13:e0 (158969157063648     )  192.168.0.32   private         admin           password        D-Link_DGS3650
00:00:90:94:e4:23:0b:00 (158969157061376     )  192.168.0.33   private         admin           password        D-Link_DGS3650
00:00:90:94:e4:23:0b:20 (158969157061408     )  192.168.0.34   private         admin           password        D-Link_DGS3650
```

如果要打印交换机列表，可以在 Karaf CLI 中运行以下命令：

```
$ snmp4sdn:PrintDB
```

6. 可以手动在 Karaf CLI 中运行以下命令来让 OpenDaylight 发现网络拓扑：

```
$ snmp4sdn:TopoDiscover
```

7. 如果你的网络有许多交换机和多条边界，则可以运行不同的命令来区分交换机和发现边界。要查找交换机，请在 Karaf CLI 中运行以下命令：

```
$ snmp4sdn:TopoDiscoverSwitches
```

发现边界，运行以下命令：

```
$ snmp4sdn:TopoDiscoverEdges
```

更多信息

SNMP4SDN 支持通过 REST API 配置和管理以太网交换机。以太网交换机中的流量配置根据转发表、ACL 和 VLAN 表安装。下面将详细介绍如何使用 REST API 配置以太网交换机，并管理不同供应商提供的以太网交换机。

使用 REST API 配置以太网交换机

转发表是以太网交换机最重要的配置。配置文件夹中有 `SNMP4SDN.postman_coll-ection.json` 文件，其中包含 REST 调用，我们可以使用这些调用来配置以太网交换机转发表和其他配置。可以使用 PostMan 作为 REST API 客户端来导入 JSON 文件。

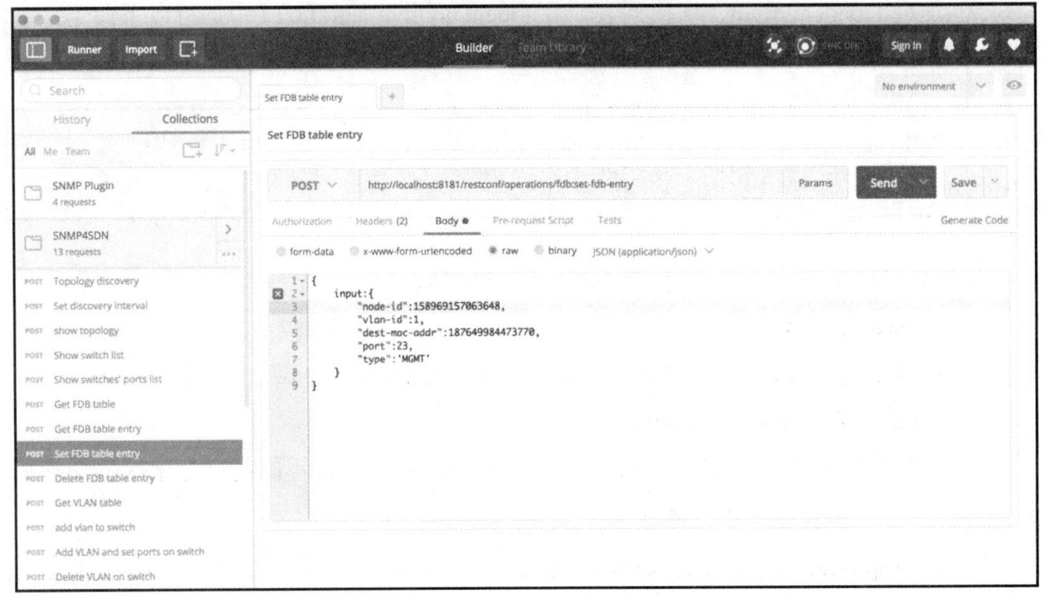

多供应商支持

由于 SDN 网络可能有不同厂商提供的不同以太网交换机，交换机之间会有不同的配置。例如，通过 SNMP 标准 MIB 支持添加 VLAN 和设置端口。但是，以太网交换机需要先添加 VLAN，然后才允许设置端口。出于这个原因，SNMP4SDN 允许网络管理员在 snmp4sdn_VendorSpecificSwitchConfig.xml 文件中定义交换机供应商配置，以便与网络中的所有以太网交换机一起工作。配置文件夹中有一个很好的 snmp4sdn_Vendor-SpecificSwitchConfig.xml 文件示例。

使传统设备自动化

自动将不同网络设备连接到 SDN 网络，需要首先为 OpenDaylight 中每个设备预定义。OpenDaylight 中的设备标识和**驱动程序管理（DIDM）**项目满足了提供设备特定功能的需求。对于 SDN 网络中的设备，都有一个包含基本规范的驱动程序。DIDM 提供了在每个设备驱动程序中定义以下功能的接口。

- 发现：发现设备是否存在于 OpenDaylight 管理域中。
- 识别：识别设备类型。
- 驱动程序注册：将设备驱动程序注册到 OpenDaylight 管理域。
- 同步：收集设备信息和配置。
- 功能数据模型：应为设备功能定义数据模型。
- RPC 功能：应定义远程过程调用以执行设备功能。

预备条件

在这项配置中，你将学习如何使用 OpenDaylight 来检测使用 DIDM 功能连接到它的 OpenVSwitch 节点。这项配置需要一个新的 OpenDaylight 发行版，Ubuntu 14.04 VM 安装了 OpenVSwitch 2.4。你可以使用配置文件夹中存在的 Vagrant 文件。需要将 Vagrant 安装在你的机器上才能使用 Vagrant 文件。可以从 Vagrant 网站下载并安装 Vagrant：`https://www.vagrantup.com/`。另外，可以使用 PostMan 或 REST API 客户端执行 OpenDaylight REST API RPC。

操作指南

执行以下配置。

1. 使用 `karaf` 脚本启动 OpenDaylight 发行版。使用此客户端可以访问 Karaf CLI：

```
$ cd distribution-karaf-0.4.1-Beryllium-SR1/
$ ./bin/karaf
________ ________ .__ .__ .__ __
\_____ \ ______ ____ ____ \______ \ _____ ___.__.| | |__| ____
| |___/ |_
/ | \\____ \_/ __ \ / \ | | \\__ \< | || | | |/ ___\| | \ __\
/ | \ |_> > ___/| | \| ` \/ __ \\___ || |_| / /_/ > Y \ |
\_______ / __/ \___ >___| /_______ (____ / ____||____/__\___
/|___| /__|
\/|__| \/ \/ \/ \/\/ /_____/ \/
Hit '<tab>' for a list of available commands
and '[cmd] --help' for help on a specific command.
Hit '<ctrl-d>' or type 'system:shutdown' or 'logout' to   shut
down OpenDaylight.
```

```
opendaylight-user@root>
```

2. 使用以下命令安装 DIDM 功能：

```
opendaylight-user@root> feature:install odl-didm-ovs-all
opendaylight-user@root> feature:install odl-dlux-all
```

可以使用以下命令在 Karaf CLI 中检查 OF-Config 安装的功能：

```
opendaylight-user@root> feature:list | grep didm
```

你应该在 Karaf CLI 中看到如下内容：

```
opendaylight-user@root>feature:list  | grep didm
odl-didm-ovs-all            | 0.2.2-Beryllium-SR2 | x | odl-didm-ovs-0.2.2-Beryllium-SR2 | OpenDaylight :: DIDM Mininet reference driver
odl-didm-ovs-impl           | 0.2.2-Beryllium-SR2 | x | odl-didm-ovs-0.2.2-Beryllium-SR2 | OpenDaylight :: DIDM :: ovs :: Implementation
odl-didm-hp-all             | 0.2.2-Beryllium-SR2 |   | odl-didm-hP-0.2.2-Beryllium-SR2  | OpenDaylight :: DIDM :: HP :: All
odl-didm-hp-impl            | 0.2.2-Beryllium-SR2 |   | odl-didm-hP-0.2.2-Beryllium-SR2  | OpenDaylight :: DIDM :: HP :: Implementation
odl-didm-util               | 0.2.2-Beryllium-SR2 |   | odl-didm-0.2.2-Beryllium-SR2     | OpenDaylight :: didm-util :: Util
odl-didm-all                | 0.2.2-Beryllium-SR2 |   | odl-didm-0.2.2-Beryllium-SR2     | OpenDaylight :: Device Identification and Driver
odl-didm-identification     | 0.2.2-Beryllium-SR2 | x | odl-didm-0.2.2-Beryllium-SR2     | OpenDaylight :: Device Identification and Driver
odl-didm-drivers            | 0.2.2-Beryllium-SR2 | x | odl-didm-0.2.2-Beryllium-SR2     | OpenDaylight :: Device Identification and Driver
```

正如你所看到的，其他网络设备（如 HP 设备）还有另一个驱动程序。但是，下面，将使用 OVS 驱动程序来处理 OVS 设备。

3. 接下来，需要更改 Vagrant 文件中的网络接口名称以匹配你的计算机网络接口：

```
$ vi Vagrantfile
```

转到第 46 行，更改 `en0` 匹配机器网络接口，然后，保存该文件。

使用下面的命令启动虚拟机：

```
$ vagrant up
```

启动虚拟机并安装所需的软件，大约需要五分钟。

4. 需要在虚拟机中创建桥 `br1` 以允许 OpenDaylight 连接到 OvS。可以使用以下命令 `ssh` 到虚拟机：

```
$ vagrant ssh
```

运行以下命令来检查 OvS 是否正常运行：

```
vagrant@vagrant-ubuntu-trusty-64:~$ sudo ovs-vsctl show
```

下面我们将创建一个 `br1`，并将 br1 控制器设置为 OpenDaylight：

```
vagrant@vagrant-ubuntu-trusty-64:~$ sudo ovs-vsctl add-br br1
vagrant@vagrant-ubuntu-trusty-64:~$ sudo ovs-vsctl set-
controller br1 tcp:<IP-Address>:6633
```

5. 需要导入配置文件夹中的 `DIDM.postman_collection.json` 文件来检索驱动程序信息。

导入 `DIDM.postman_collection.json` 后，你会发现两个 REST 被调用：Get Mininet Type 和 Get Network：

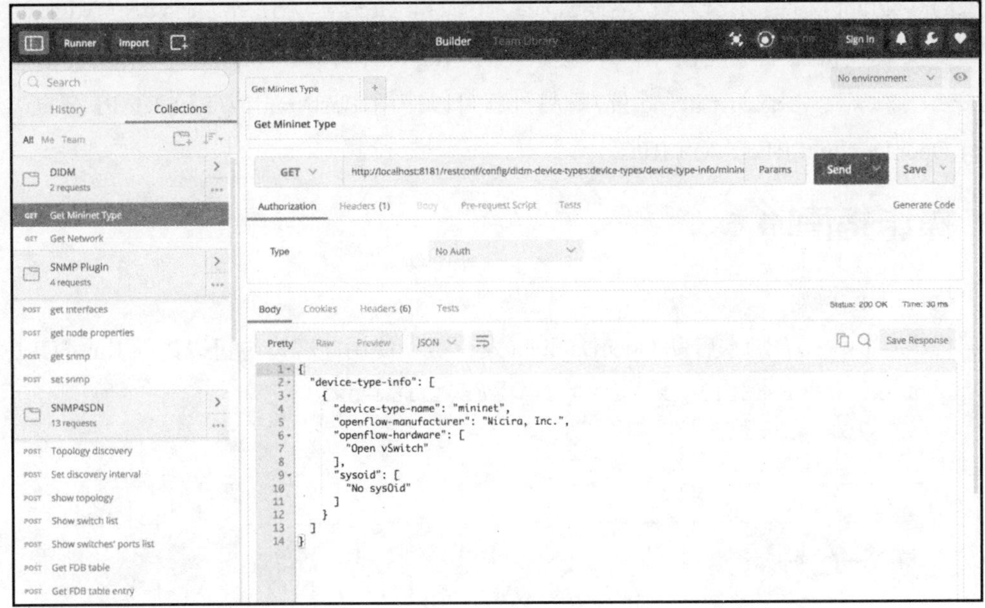

参考资料

DIDM 项目的主要目的是让你为 SDN 网络设备定义新的驱动程序，并调整其功能。查看 DIDM 项目的开发者指南，了解更多信息：https://wiki.opendaylight.org/view/DIDM:Developer_Guide。

远程配置 OpenFlow 交换机

通过使用 OpenFlow Config 协议（OF-Config），使 SDN 控制器配置 OpenFlow 交换机变得更加容易。OF-Config 是 OpenDaylight 的南向插件，允许远程配置 OpenFlow 数据路径。

预备条件

在这项配置中，你将学习如何使用 OpenDaylight 远程配置 OpenVSwitch，因为它是 OpenFlow 交换机基础。这项配置需要一个新的 OpenDaylight 发行版，而 Ubuntu 14.04 虚拟机安装有 OpenVSwitch 2.3、libnetconf 和支持 OvS 的 OF-Config。你可以下载满足要求的 Vagrant 文件：`https://github.com/serngawy/of-configg`。Vagrant 文件需要安装在机器上才能使用。下载并安装 Vagrant，查阅 Vagrant 网站相关信息：`https://www.vagrantup.com/`。另外，可以使用 PostMan 或 REST API 客户端来执行 OpenDaylight REST API RPC。

操作指南

执行以下步骤。

1. 使用 `karaf` 脚本启动 OpenDaylight 发行版。使用此客户端可以访问 Karaf CLI：

```
$ cd distribution-karaf-0.4.1-Beryllium-SR1/
$ ./bin/karaf
________ ________ .__ .__ .__ __
\_____ \ ______ ____ ____ \______ \ _____ ___.__.| | |__| ____
| |___/ |_
/ | \\____ \_/ __ \ / \ | | \\__ \< | || | | |/ ___\| | \ __\
/ | \ |_> > ___/| | \| ` \/ __ \\___ || |_| / /_/ > Y \ |
\_______ / __/ \___ >___| /_______ (____ / ____||____/__\___
/|___| /__|
\/|__| \/ \/ \/ \/\/ /_____/ \/
Hit '<tab>' for a list of available commands
and '[cmd] --help' for help on a specific command.
Hit '<ctrl-d>' or type 'system:shutdown' or 'logout' to   shut
down OpenDaylight.
opendaylight-user@root>
```

2. 使用以下命令安装 OF-Config 南向 API 功能：

```
opendaylight-user@root> feature:install odl-of-config-all
```

可以使用以下命令在 Karaf CLI 中检查 OF-Config 安装的功能：

```
opendaylight-user@root> feature:list -i | grep of-config
```

在 Karaf CLI 中可以看到以下内容：

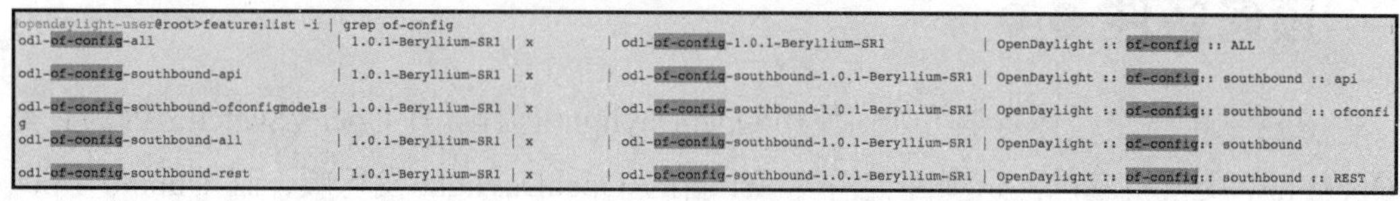

```
opendaylight-user@root>feature:list -i | grep of-config
odl-of-config-all                       | 1.0.1-Beryllium-SR1 | x        | odl-of-config-1.0.1-Beryllium-SR1             | OpenDaylight :: of-config :: ALL
odl-of-config-southbound-api            | 1.0.1-Beryllium-SR1 | x        | odl-of-config-southbound-1.0.1-Beryllium-SR1 | OpenDaylight :: of-config:: southbound :: api
odl-of-config-southbound-ofconfigmodels | 1.0.1-Beryllium-SR1 | x        | odl-of-config-southbound-1.0.1-Beryllium-SR1 | OpenDaylight :: of-config:: southbound :: ofconfi
g
odl-of-config-southbound-all            | 1.0.1-Beryllium-SR1 | x        | odl-of-config-southbound-1.0.1-Beryllium-SR1 | OpenDaylight :: of-config:: southbound
odl-of-config-southbound-rest           | 1.0.1-Beryllium-SR1 | x        | odl-of-config-southbound-1.0.1-Beryllium-SR1 | OpenDaylight :: of-config:: southbound :: REST
```

3. 使用以下命令从 GitHub 克隆 OF-Config 存储库。打开一个新的控制台，并键入

以下内容

```
$ git clone https://github.com/serngawy/of-config.git
$ cd of-config/
```

4．更改 Vagrant 文件中的网络接口名称以匹配机器网络接口：

```
$ vi Vagrantfile
```

转到第 65 行，更改 `en0`，以匹配机器网络接口，保存该文件。

现在使用以下命令启动虚拟机：

```
$ vagrant up
```

启动虚拟机，安装所需的软件需要大约五分钟的时间。

5．需要在虚拟机内部运行 OvS OF-Config 服务器。可以使用以下命令 `ssh` 到虚拟机：

```
$ vagrant ssh
```

然后，运行以下命令启动 OFC 服务器：

```
vagrant@vagrant-ubuntu-trusty-64:~$ sudo ofc-server -v 3 -f
```

6．现在，需要在 OpenDaylight 发行版和虚拟机上运行的 OFC 服务器组件之间建立连接。在 of-config 目录中有一个 `OF-CONFIG.postman_collection` 文件。使用它来向 OpenDaylight 发行版发送 REST 调用请求。

打开 PostMan 应用程序，导入 `OF-CONFIG.postman_collection`，你会发现三个 REST 调用：Connection Establishment，Modify controller connection 和 Get Network：

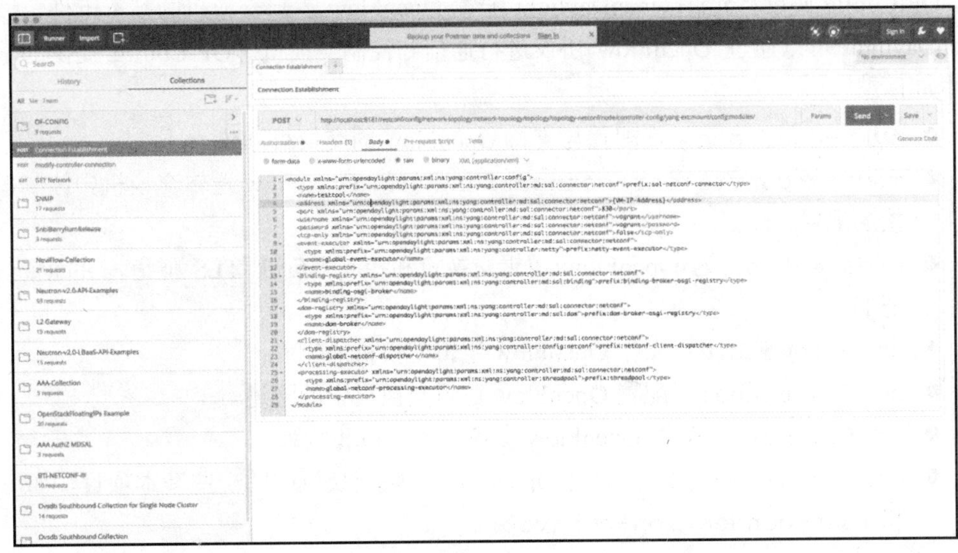

7. 使用连接建立有效负载，将 OpenDaylight 连接到 OvS。不要忘记更改有效负载中的 VM-Ip-Address 以匹配虚拟机 IP 地址。应该收到状态码 204。

8. 获取网络负载，检查网络拓扑。应该能够看到虚拟机 IP 地址和可用功能。

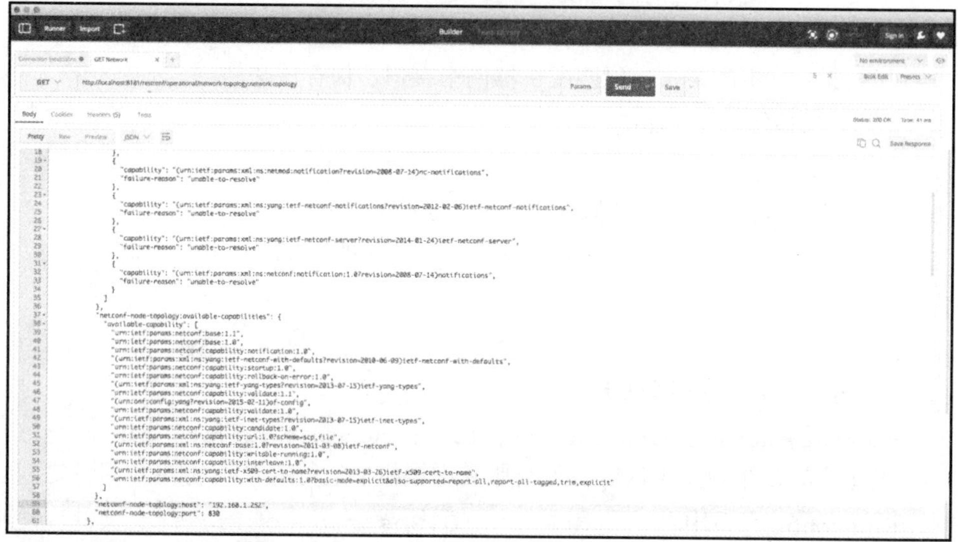

工作原理

OpenDaylight 使用 OF-Config 南向插件将 OpenFlow 交换机定义为抽象逻辑交换机。OF-Config 协议将允许 OpenDaylight 配置 OpenFlow 逻辑交换机的基本工件，以便 OpenDaylight 可以通过 OpenFlow 协议进行通信和控制交换机。OF-Config 提供的基本工件如下。

- sync-conf-ocs：使配置与支持 OpenFlow 的交换机同步。
- modify-controller-connection：修改 OpenFlow 逻辑交换机中控制器连接的配置。
- create-tls：为 OpenFlow 逻辑交换机和控制器创建 TLS 隧道，并配置认证证书。
- opt-flowtable：操作 OpenFlow 逻辑交换机的流表。
- config-tunnel：配置 OpenFlow 逻辑交换机中的隧道。
- config-port：配置 OpenFlow 交换机的端口和队列。
- config-ols-basic：配置 OpenFlow 逻辑交换机中的一些基本项目，如 dpid 和 lost-connection-behavior。

更多信息

作为如何在 PostMan 集合中使用这些重要工件的示例，需要有一个用于修改控制器连接的有效负载。可以使用 OpenDaylight apidoc 资源管理器来检查这些资源。

http://localhost:8181/apidoc/explorer/index.html:

动态更新网络设备 YANG 模型

更新使用 netconf 协议的网络设备的 YANG 模型需要 OpenDaylight 向设备连续发送一组请求。从大型网络中的网络设备迭代获取数据请求（设备 YANG 模型）将对网络施加。YANG PubSub 项目允许 OpenDaylight 只从网络设备请求更新 YANG 模型部分。接下来，我们将向你详细介绍如何使用 OpenDaylight 通过 netconf 网络设备，注册连续获取请求来推送 YANG 模型的更新方法。

预备条件

这项配置需要 OpenDaylight Beryllium 发行版，OpenDaylight netconf 测试工具或具有 netconf 功能的网络设备，以及 YANG 推送功能，例如 Cisco IOS-XR 设备。还需要一

个 REST API 客户端。另外，需要从本书的 GitHub 存储库下载配置文件夹。

操作指南

执行以下步骤。

1. 使用 karaf 脚本启动 OpenDaylight 发行版。此客户端可以访问 Karaf CLI：

```
$ cd distribution-karaf-0.4.1-Beryllium-SR1/
$ ./bin/karaf
________ ________ .__ .__ .__ __
\_____ \ ______ ____ ____ \______ \ _____ ___.__.| | |__| ____
| |___/ |_
/ | \\____ \_/ __ \ / \ | | \\__ \< | || | | |/ ___\| | \ __\
/ | \ |_> > ___/| | \| ` \/ __ \\___ || |_| / /_/ > Y \ |
\_______ / __/ \___ >___| /_______ (____ / ____||____/__\___
/|___| /__|
\/|__| \/ \/ \/ \/\/ /_____/ \/
Hit '<tab>' for a list of available commands
and '[cmd] --help' for help on a specific command.
Hit '<ctrl-d>' or type 'system:shutdown' or 'logout' to   shut
down OpenDaylight.
opendaylight-user@root>
```

2. 使用以下命令安装 YANG Push 功能。

```
opendaylight-user@root> feature:install odl-yangpush-ui
```

可以使用以下命令在 Karaf CLI 中查看 YANG Push 安装的功能：

```
opendaylight-user@root> feature:list -i | grep yangpush
```

在 Karaf CLI 中可以看到以下内容：

```
opendaylight-user@root>feature:list -i | grep yangpush
odl-yangpush-api       | 1.0.2-Beryllium-SR2 | x   | odl-yangpush-1.0.2-Beryllium-SR2   | OpenDaylight :: yangpush :: api
odl-yangpush           | 1.0.2-Beryllium-SR2 | x   | odl-yangpush-1.0.2-Beryllium-SR2   | OpenDaylight :: yangpush
odl-yangpush-rest      | 1.0.2-Beryllium-SR2 | x   | odl-yangpush-1.0.2-Beryllium-SR2   | OpenDaylight :: yangpush :: REST
odl-yangpush-ui        | 1.0.2-Beryllium-SR2 | x   | odl-yangpush-1.0.2-Beryllium-SR2   | OpenDaylight :: yangpush :: UI
```

3. 下载 OpenDaylight netconf 测试工具。转到配置目录，并使用以下命令下载测试工具：

```
$ cd chapter4/chapter4-recipe5/
$ wget https://nexus.opendaylight.org/content/repositories
/opendaylight.release/org/opendaylight/netconf/netconf-
```

```
testtool/1.0.2-Beryllium-SR2/netconf-testtool-1.0.2-Beryllium-
SR2-executable.jar
```

4．使用以下命令启动 netconf 测试工具：

```
$ java-Xmx1G-XX:MaxPermSize=256M-jar netconf-testtool-
1.0.2-Beryllium-SR2-executable.jar -debug true-schemas-dir schema/
```

应该能够看到以下消息：

[main] INFO NetconfDeviceSimulator-All simulated devices started successfully from port 17830 to 17830

5．通过执行以下命令检查模拟设备是否正常运行：

```
$ ssh admin@localhost -p 17830 -s netconf
```

模拟设备接受任何密码的输入。如果它要求输入密码，则可以按 Enter 键继续操作。接下来，应该可以看到 hello 的消息。

6．现在将使用 PostMan 作为 REST API 客户端，将模拟的 netconf 设备添加到 OpenDaylight 数据存储中，并注册持续推送更新请求以使 OpenDaylight 能够获取更新的 YANG 模型。在配置文件夹中，将 `yang-push.postman_collection.json` 文件导入 PostMan。应该可以看到以下有效载荷：Post YangPush Device，Get Netconf devices 和 Post RPC Push Updates。

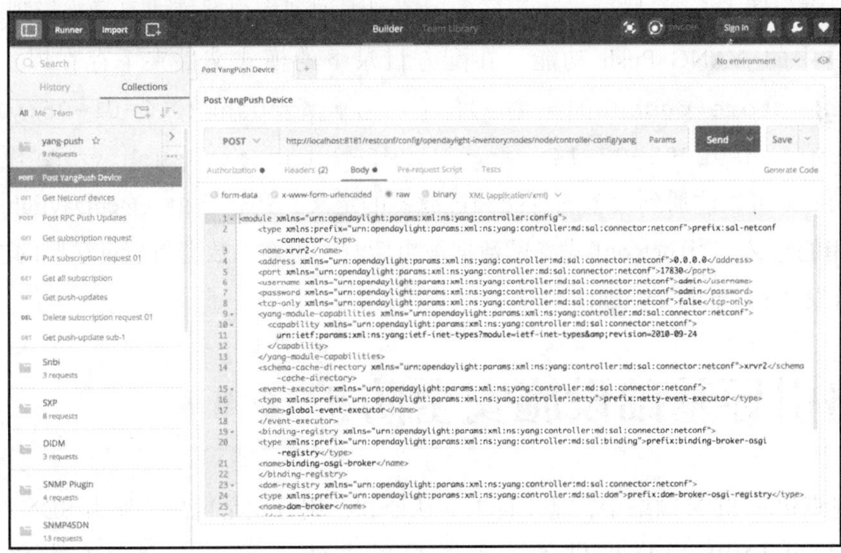

7．我们将使用第一个 REST API 负载 **Post YangPush 设备**。在 OpenDaylight 数据存储中注册设备。正如你从有效负载行数据中看到的那样，设备名称是 xrvr2，因此，可以使用第二个 REST API 有效负载 **Get Netconf device** 检查设备是否被成功注册。

8. 现在我们将使用 **Post RPC Push Updates** 来注册连续获取请求，以从模拟设备接收更新的 YANG 模型。请求的回应如下：

```
{
  "output": {
  "subscription-id": "sub-2"
  }
}
```

在模拟设备控制台中，应该能够看到以下 RPC 消息输出：

```
19:09:30.220 [nioEventLoopGroup-2-3] DEBUG o.o.p.f.AbstractProtocolSession - Message was received: <rpc xmlns="urn:
ietf:params:xml:ns:netconf:base:1.0" message-id="m-0">
<create-subscription xmlns="urn:ietf:params:xml:ns:netconf:notification:1.0">
<stream>push-update</stream>
<filter type="subtree">
<interface-configurations xmlns="http://cisco.com/ns/yang/Cisco-IOS-XR-ifmgr-cfg"/>
</filter>
<period xmlns="urn:opendaylight:params:xml:ns:yang:yangpush">60</period>
<subscription-id xmlns="urn:opendaylight:params:xml:ns:yang:yangpush">sub-2</subscription-id>
</create-subscription>
</rpc>
```

工作原理

在 OpenDaylight 中注册的推送更新请求将持续每 60 秒向模拟的 netconf 设备发送一次提取更新请求。通过将 `yang-push` 模型添加到模拟器模式目录来模拟 netconf 测试工具中的 YANG Push 功能。在配方目录下的模式文件夹下存在以下文件：`ietf-datastore-push@2015-10-15.yang`，`yangpush@2015-01-05.yang` 和 `notifications@2008-07-14.yang`。`itef-datastore-push.yang` 模型包含 OpenDaylight 可以注册到设备的订阅和过滤器的定义，还包含由 OpenDaylight 发送的 RPC 调用的定义。当 netconf 设备的数据被更新时，更新的数据将通过注册的连续获取更新请求发送到 OpenDaylight。

网络引导基础设施安全防护

在规模化的 SDN 网络中，基于证书的认证和密钥分发是挑战。作为 SDN 控制器，OpenDaylight SNBI 项目提供了一种零接触方法，可以安全地在网络设备和 OpenDaylight 之间建立通信。任何利用 IEEE 802.1AR-2009 标准进行安全设备识别的网络设备都可以安全地引导与 OpenDaylight 的通信。OpenDaylight 和网络设备将自动发现对方，获取相互分配的 IP 地址，交换密钥证书，最终建立安全的 IP 连接。

预备条件

需要 Ubuntu 14.04 主机、OpenDaylight 发行版、docker（snbi/beryllium docker）、映像，PostMan 作为 REST API 客户端，以及 Vagrant（如果在配置文件夹中使用预定义的 Vagrant 文件）。在本小节中，将学习使用 OpenDaylight 与两个已经实现了安全设备识别标准的模拟网络设备建立安全通信。

操作指南

执行以下配置。

1．如果已经完成环境安装，则可以跳过此步骤，直接从步骤 4 开始执行操作。如果没有安装环境，请使用预定义的 Vagrant 文件来建立环境。首先，如果尚未安装 Vagrant，则需要安装 Vagrant。然后，配置文件夹中的 `SnbiVMs` 目录：

```
$ cd chapter4-recipe6/SnbiVMs/
```

更改 Vagrant 文件中的网络接口名称以匹配机器的网络接口：

```
$ vi Vagrantfile
```

更改 `en0` 以匹配计算机网络接口，保存该文件。然后，启动 VM 安装。

```
$ vagrant up
```

安装应该需要 15～20 分钟，这段时间正好可以喝杯咖啡。

2．安装完成后，应该运行三台虚拟机：`SnbiODL`，`Snbi01` 和 `Snbi02`：

```
$ vagrant status
```

可以看到当前正在运行的虚拟机相关信息：

```
Mohameds-MacBook-Pro:SnbiODL-VM mohamedel-serngawy$ vagrant status
Current machine states:

snbiODL-vm                    running (virtualbox)
snbi1-vm                      running (virtualbox)
snbi2-vm                      running (virtualbox)
```

3．打开四个控制台，使用 `vagrant ssh` 命令登录到虚拟机，并指定虚拟机名称：

```
$ vagrant ssh snbiODL-vm
$ vagrant ssh snbi1-vm
```

```
$ vagrant ssh snbi2-vm
```

在第四个控制台中登录到 snbiODL-vm，需要保留 OpenDaylight Karaf 控制台。

4．使用 karaf 脚本启动 OpenDaylight 发行版，使此客户端可以访问 Karaf CLI：

```
$ cd distribution-karaf-0.4.1-Beryllium-SR1/
$ ./bin/karaf
________ ________ .__ .__ .__ __
\_____ \ ______ ____ ____ \______ \ _____ ___.__.| | |__| ____
| |___/ |_
/ | \\____ \_/ __ \ / \ | | \\__ \< | || | | |/ ___\| | \ __\
/ | \ |_> > ___/| | \| ` \/ __ \\___ || |_| / /_/ > Y \ |
\_______ / __/ \___ >___| /_______ (____ / ____||____/__\___
/|___| /__|
\/|__| \/ \/ \/ \/\/ /_____/ \/
Hit '<tab>' for a list of available commands
and '[cmd] --help' for help on a specific command.
Hit '<ctrl-d>' or type 'system:shutdown' or 'logout' to   shut
down OpenDaylight.
opendaylight-user@root>
```

5．使用以下命令安装 SNBI 功能：

```
opendaylight-user@root> feature:install odl-snbi-all
```

使用以下命令在 Karaf CLI 中检查 OF-Config 安装的功能：

```
opendaylight-user@root> feature:list -i | grep snbi
```

在 Karaf CLI 中可以看到以下内容：

```
opendaylight-user@root>feature:list -i | grep snbi
odl-snbi-all            | 1.2.2-Beryllium-SR2 | x | odl-snbi-1.2.2-Beryllium-SR2 | OpenDaylight :: snbi :: All
odl-snbi-southplugin    | 1.2.2-Beryllium-SR2 | x | odl-snbi-1.2.2-Beryllium-SR2 | OpenDaylight :: SNBI :: SouthPlugin
odl-snbi-shellplugin    | 1.2.2-Beryllium-SR2 | x | odl-snbi-1.2.2-Beryllium-SR2 | OpenDaylight :: SNBI :: ShellPlugin
odl-snbi-dlux           | 1.2.2-Beryllium-SR2 | x | odl-snbi-1.2.2-Beryllium-SR2 | OpenDaylight :: SNBI :: Dlux
```

6．现在，我们需要创建所需的网络拓扑来模拟配置。snbi1-vm 和 snbi2-vm 网络直接连接到 snbiODL-vm。

使用以下命令在每台虚拟机中创建一个网络接口：

```
$ sudo ip6tables -A INPUT -j DROP -p udp --destination-port
4936 -i eth0
```

然后，检查防火墙：

```
$ sudo ip6tables -list
```

你应该看到以下内容：

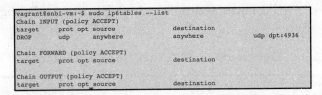

```
vagrant@snbi-vm:~$ sudo ip6tables --list
Chain INPUT (policy ACCEPT)
target     prot opt source               destination
DROP       udp      anywhere             anywhere             udp dpt:4936

Chain FORWARD (policy ACCEPT)
target     prot opt source               destination

Chain OUTPUT (policy ACCEPT)
target     prot opt source               destination
```

7．现在，可以使用以下命令创建一个到网络接口的链接：

```
$ sudo ip link add snbi-ra type dummy
$ sudo ip addr add fd08::aaaa:bbbb:1/128 dev snbi-ra
$ sudo ifconfig snbi-ra up
```

使用以下命令检查 snbi-ra 接口信息：

```
$ ifconfig
```

```
snbi-ra   Link encap:Ethernet  HWaddr 0e:22:f7:22:cf:0b
          inet6 addr: fd08::aaaa:bbbb:1/128 Scope:Global
          inet6 addr: fe80::c22:f7ff:fe22:cf0b/64 Scope:Link
          UP BROADCAST RUNNING NOARP  MTU:1500  Metric:1
          RX packets:0 errors:0 dropped:0 overruns:0 frame:0
          TX packets:3 errors:0 dropped:0 overruns:0 carrier:0
          collisions:0 txqueuelen:1000
          RX bytes:0 (0.0 B)  TX bytes:210 (210.0 B)
```

8．打开 PostMan，并从配置文件夹中导入 Snbi.postman_collection.json 文件。你会发现 3 个 REST API 请求：**Add domain list**，**Get domain list** 和 **Del domain list**：

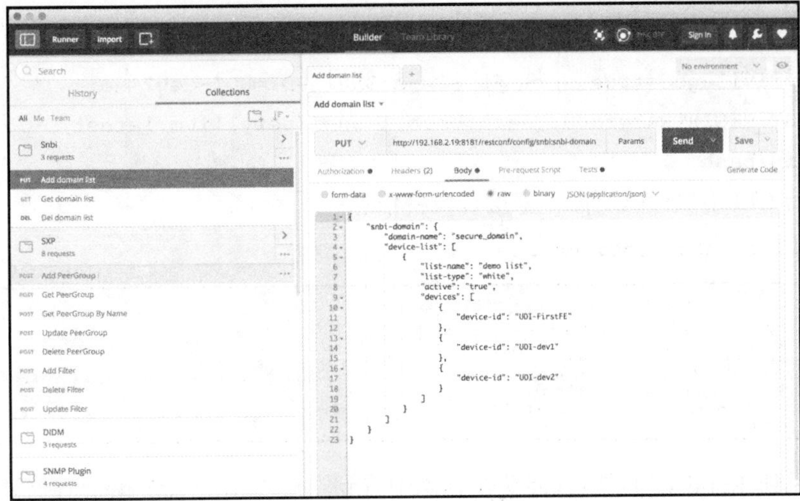

使用 **Add domain list** 请求将白名单列表发送到 OpenDaylight。

9. 在 Karaf CLI 中执行 start secure domain 命令，将 OpenDaylight 置于主动发现模式：

```
opendaylight-user@root> snbi:start secure_domain
```

```
opendaylight-user@root>snbi:start secure_domain
Starting SNBI for domain:secure_domain
```

10. 将首先在 snbiODL-vm 中启动 snbi/beryllium docker 镜像，然后在其他虚拟机 snbi1-vm 和 snbi2-vm 中启动 snbi/beryllium docker 镜像。使用以下命令在所有 VM 中启动 snbi/beryllium docker 镜像：

- 对于 snbiODL-vm：

```
$ sudo docker run -v /etc/timezone:/etc/timezone:ro --net=host
--privileged=true --rm -t -i -e SNBI_UDI=UDI-FirstFE -e
SNBI_REGISTRAR=fd08::aaaa:bbbb:1 snbi/beryllium:latest
/bin/bash
```

- 对于 snbi1-vm：

```
$ sudo docker run -v /etc/timezone:/etc/timezone:ro --net=host
--privileged=true --rm -t -i -e SNBI_UDI=UDI-dev1 -e
SNBI_REGISTRAR=fd08::aaaa:bbbb:1 snbi/beryllium:latest
/bin/bash
```

- 对于 snbi2-vm：

```
$ sudo docker run -v /etc/timezone:/etc/timezone:ro --net=host
--privileged=true --rm -t -i -e SNBI_UDI=UDI-dev2 -e
SNBI_REGISTRAR=fd08::aaaa:bbbb:1 snbi/beryllium:latest
/bin/bash
```

在容器 CLI 中执行以下命令来检查设备信息：

```
snbi.d> show snbi device
```

```
snbi.d >   ure   show snbi device

        Device UDI                 - UDI-FirstFE
        Device ID                  - 0e22.f722.cf0b-1
        Domain ID                  - secure_domain
        Domain Certificate         - (sub:) /name=0e22.f722.cf0b-1/CN=0e22.f722.cf0b-1/OU=secure_domain/serialNumber=UDI-FirstFE
        Certificate Serial Number - 01556990E671
        Device Address             - fd02:a8f9:890b:0:e22:f722:cf0b:1
        Domain Cert is Valid
```

11. 回到 Karaf CLI。应该能够在日志中看到 snbi/beryllium 容器证书和关键信息。执行以下命令：

```
opendaylight-user@root> log:tail
```

```
2016-06-19 16:47:27,989 | INFO  | 1 for user karaf | CertificateMgmt                  | 168 - org.opendaylight.snbi.southplugin - 1.2.2.Beryllium-SR2 | -----
-------------- START -------------------
2016-06-19 16:47:27,990 | INFO  | 1 for user karaf | CertificateMgmt                  | 168 - org.opendaylight.snbi.southplugin - 1.2.2.Beryllium-SR2 |  [0]
      Version: 3
       SerialNumber: 1466354847985
          IssuerDN: CN=snbi
        Start Date: Fri Jun 19 16:47:27 UTC 2015
        Final Date: Wed Jun 19 16:47:27 UTC 2019
         SubjectDN: CN=0e22.f722.cf0b-0,OU=secure_domain,SSERIALNUMBER=PID:JAVA-CONTROLLER SN:1234
        Public Key: RSA Public Key
         modulus: c3485f9ca6c75d2ab8c9438d85243d46828fe1c1d1de6341593 4abda8dd2ad72d2d73bdbf566ff034cd4dc7eb6cbe0b8fb55cdd8abf3b599586dab043a9c8dfbaa8340c
79d7c7ec9df08b2e42c574d6a7cdd2388affd5cdcbe8f9931927ab958f4a0e08eef3f9eb2d9dcf17e6f30009712473d6c0714cfc0439939 15ba85c6
   public exponent: 10001

  Signature Algorithm: SHA1WITHRSA
         Signature: 7f9e1eb4c394a84173d1eb1c81ad1618b85864e3
                    68ac18526740cd6ccbc8226fb4975cb705c54b65
                    64a6eb151d6cfb485a9e4a4ed2985566acbb7179
                    d785af71eca6648611 7907ad750dd149baa2beb4
                    3402a4fe2d892a0daad4812cd7617ff14e6c99ad
                    9be5774d270f968d5bea6f78f7abbb0834447b78
                    dd696bdd750df14a
```

12. 使用以下命令验证每个主机中的路由：

```
$ ip -6 route show
```

```
fd02:a8f9:890b:0:e22:f722:cf0b:1 dev snbi-fe  proto kernel  metric 256
fd02:a8f9:890b:0:e22:f722:cf0b:3 via fe80::e9f:33f9:83b:2 dev snbi_tun_2  metric 1024
fd08::aaaa:bbbb:1 dev snbi-ra  proto kernel  metric 256
unreachable fd00::/8 dev lo  metric 1024  error -113
fe80::/64 dev eth0  proto kernel  metric 256
fe80::/64 dev eth1  proto kernel  metric 256
fe80::/64 dev snbi-ra  proto kernel  metric 256
fe80::/64 dev snbi-fe  proto kernel  metric 256
fe80::/64 dev snbi_tun_2  proto kernel  metric 256
fe80::/64 dev snbi_tun_3  proto kernel  metric 256
```

在 snbi-vm 中可以看到另外两个 snbi-vm 的路由。

13. 使用 ping 命令验证它们之间的安全连接：

```
snbiODL-vm > $ ping6 fd02:a8f9:890b:0:e22:f722:cf0b:1
```

```
PING fd02:a8f9:890b:0:e22:f722:cf0b:1(fd02:a8f9:890b:0:e22:f722:cf0b:1) 56 data bytes
64 bytes from fd02:a8f9:890b:0:e22:f722:cf0b:1: icmp_seq=1 ttl=64 time=0.071 ms
64 bytes from fd02:a8f9:890b:0:e22:f722:cf0b:1: icmp_seq=2 ttl=64 time=0.037 ms
64 bytes from fd02:a8f9:890b:0:e22:f722:cf0b:1: icmp_seq=3 ttl=64 time=0.037 ms
64 bytes from fd02:a8f9:890b:0:e22:f722:cf0b:1: icmp_seq=4 ttl=64 time=0.040 ms
64 bytes from fd02:a8f9:890b:0:e22:f722:cf0b:1: icmp_seq=5 ttl=64 time=0.040 ms
64 bytes from fd02:a8f9:890b:0:e22:f722:cf0b:1: icmp_seq=6 ttl=64 time=0.041 ms
64 bytes from fd02:a8f9:890b:0:e22:f722:cf0b:1: icmp_seq=7 ttl=64 time=0.040 ms
```

工作原理

在 snabiODL-vm，OpenDaylight 和在 snabi 容器中运行的 snabi-agent 之间建立一个 SSL 连接来保证它们的通信，这被认为是安全的 IP 通信。因为 OpenDaylight 和 snabi-agent 运行在同一台主机上。与此同时，所有在 snabiODL-vm、snabi1-vm 和 snabi2-vm 上运行的 snabi-agent 都使用自己的发现协议发现彼此。snabi 代理将在它们之间建立安全的 SSL 连接，这也可以被认为是 snabi 代理之间的安全 IP 通信。使用 OpenDaylight 的 snabi 项目和 snabi-agent 的好处是，在其中一台 snabi-agent 主机上运行的其他网络服务都可以使用建立了 snabi-agent 的安全 SSL 连接来启动与 OpenDaylight 的安全 IP 通信。

为企业提供虚拟私有云服务

随着 SDN 的兴起，网络变得越来越复杂，难以管理。OpenDaylight Nemo 项目提供了 Intent 北向接口以简化网络。Intent 北向接口项目的主要思想是让网络运营商能够清晰表达如何配置网络拓扑，而不是考虑如何实现新的网络拓扑配置。在本小节中，我们将使用 OpenDaylight Nemo 项目为企业网站提供安全的**虚拟私有云（VPC）**服务。情景是，网络运营商想要分配两个区域：**数据管理区（DMZ）**和内部区域。DMZ 区域提供来自互联网的视频和电子邮件访问，内部区域提供计算和存储资源。网络拓扑中的限制只允许一个区域，并且它只能与其他直接连接到它的区域进行通信。此外，网络运营商还为企业网站和内部区域之间的连接提供了**带宽定制（BoD）**服务。

下图为网络拓扑的高级设计示意图。

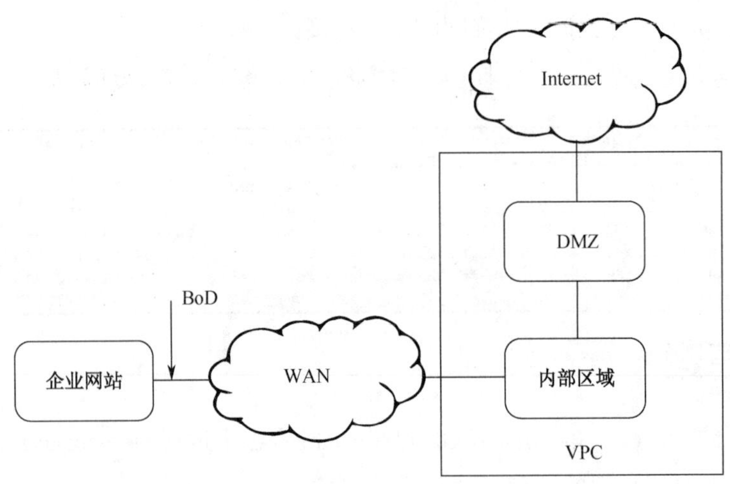

预备条件

这项配置需要 Ubuntu 12.04 或更高版本的 Linux 环境，OpenDaylight 发行版，

OfSoftSwitch 1.3（`https://github.com/CPqD/ofsoftswitch13`）和配置文件。你可以使用配置文件夹 `chapter4recipe7/NemoVM/`中预定义 Vagrant 文件轻松完成配置。

操作指南

执行如下配置。

1. 如果你已经安装了预备条件要求的环境，则可以跳过此步骤，直接从步骤 3 开始操作。否则，你需要使用预定义的 Vagrant 文件来建立环境。首先，如果尚未安装 Vagrant，则需要安装 Vagrant。然后需要去配置文件夹中的 `NemoVM` 目录：

```
$ cd chapter4-recipe7/NemoVM/
```

需要更改 Vagrant 文件中的网络接口名称以匹配机器网络接口：

```
$ vi Vagrantfile
```

转到第 59 行，更改 `en0` 以匹配你的计算机网络接口，并保存该文件。然后，启动虚拟机安装：

```
$ vagrant up
```

安装需要 15～20 分钟，可以趁空喝杯咖啡。

2. 完成安装后，可以使用 `vagrant ssh` 命令访问 NemoVM：

```
$ vagrant ssh
```

现在需要将 `VPC` 文件夹 `chapter4-recipe7/VPC` 下载或复制到 NemoVM。

3. 在 `NemoVM` 上，使用 karaf 脚本启动 OpenDaylight 发行版。使此客户端可以访问 Karaf CLI：

```
$ cd distribution-karaf-0.4.1-Beryllium-SR1/
$ ./bin/karaf
________ ________ .__ .__ .__ __
\_____ \ ______ ____ ____ \______ \ _____ ___.__.| | |__| ____
| |___/ |_
/ | \\____ \_/ __ \ / \ | | \\__ \< | || | | |/ ___\| | \ __\
/ | \ |_> > ___/| | \| ` \/ __ \\___ || |_| / /_/ > Y \ |
\_______ / __/ \___ >___| /_______ (____ / ____||____/__\___
/|___| /__|
\/|__| \/ \/ \/ \/\/ /_____/ \/
Hit '<tab>' for a list of available commands
```

```
and '[cmd] --help' for help on a specific command.
Hit '<ctrl-d>' or type 'system:shutdown' or 'logout' to  shut
down OpenDaylight.
opendaylight-user@root>
```

4. 使用以下命令安装 Nemo 必须功能：

```
opendaylight-user@root> feature:install odl-nemo-openflow-
render
opendaylight-user@root> feature:install odl-restconf-all
opendaylight-user@root> feature:install odl-nemo-engine-ui
```

可以使用以下命令在 Karaf CLI 中检查 Nemo 安装的功能：

```
opendaylight-user@root> feature:list -i | grep nemo
```

应该在 Karaf CLI 中看到以下内容：

```
opendaylight-user@root>feature:list -i | grep nemo
odl-nemo-api                    | 1.0.2-Beryllium-SR2 | x    | odl-nemo-1.0.2-Beryllium-SR2    | OpenDaylight :: NEMO :: API
odl-nemo-engine                 | 1.0.2-Beryllium-SR2 | x    | odl-nemo-1.0.2-Beryllium-SR2    | OpenDaylight :: NEMO :: Engine
odl-nemo-engine-rest            | 1.0.2-Beryllium-SR2 | x    | odl-nemo-1.0.2-Beryllium-SR2    | OpenDaylight :: NEMO :: Engine :: REST
odl-nemo-openflow-renderer      | 1.0.2-Beryllium-SR2 | x    | odl-nemo-1.0.2-Beryllium-SR2    | OpenDaylight :: NEMO :: OpenFlow Renderer
odl-nemo-engine-ui              | 1.0.2-Beryllium-SR2 | x    | odl-nemo-1.0.2-Beryllium-SR2    | OpenDaylight :: NEMO :: Engine :: UI
```

5. 现在你需要建立网络拓扑结构。在 VPC 文件夹中，可以找到详细说明。在 network-up.sh 文件中，通过命令创建虚拟网络拓扑。执行 netowrk-up.sh 脚本来创建网络拓扑：

```
$ cd chapter4-recipe6/VPC
$ sudo ./network-up.sh
```

现在需要通过检查 NemoVM 网络接口来检查网络创建情况：

```
$ ifconfig
```

如果在创建网络时遇到任何问题，可以使用 network-down.sh 脚本删除所有创建的网络，并重新运行 network-up 脚本。

6. OpenDaylight 需要具有预定义的意图表达式，将应用于网络拓扑。在 VPC 文件夹中，你可以找到详细的说明。在 nemo-odl.py 文件中，通过调用 REST API 将基本意图表达式信息发送到 OpenDaylight。使用以下命令执行 nemo-odl.py：

```
$ python nemo-odl.py
```

可能需要安装 Python 库。运行以下命令来安装它，执行 nemo-odl.py：

```
$ sudo easy_install -U requests
```

7. 正如我们在本小节开头解释的那样，网络运营商应该能够表达网络拓扑的意向策略。可以在 VCP 文件夹中找到详细资料，以及在 bod-512.py 文件中，通过调用 REST API 将意向策略信息发送到 OpenDaylight。使用以下命令执行 bod-512.py:

```
$ python bod-512.py
```

8．现在打开浏览器，并输入以下 URL 来访问 Nemo UI：

http://:8181/index.html#/nemo

OpenDaylight 发行版的默认用户名和密码是 admin 和 admin：

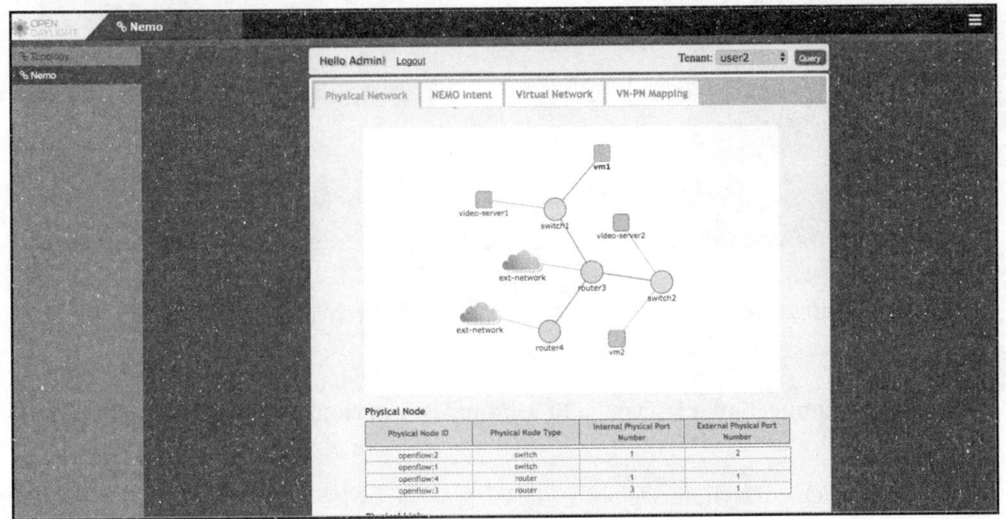

工作原理

我们来看看使用 network-up.sh 脚本创建的虚拟网络拓扑。创建了 4 个网络接口作为交换机，6 个网络链接作为主机。主机链接到交换机，所有交换机都由控制器控制，流量规则已经被推送到交换机。

通过执行 nemo-odl.py 脚本，定义了 OpenDaylight，需要将这些表达式映射到网络拓扑的基本意图表达式。有关意图表达式的详细信息，可以从以下 OpenDaylight wiki 网站查看：

https://wiki.opendaylight.org/images/e/ee/Reference_manual.01.pdf

最后，执行 bod-512.py 脚本来创建网络拓扑结构，正如在 Nemo UI 网页中看到的。我们创建了两台交换机、两台路由器、两个 extnetwork 和四台主机。此外，创建了网络安全限制，网络区域只能与直接连接的区域进行通信，并且企业主机和内部区域之间应用了 512Hz 的 BoD 服务，可以检查 Nemo UI 上的 Nemo Intent 标签，查看意图表达式和策略规则：

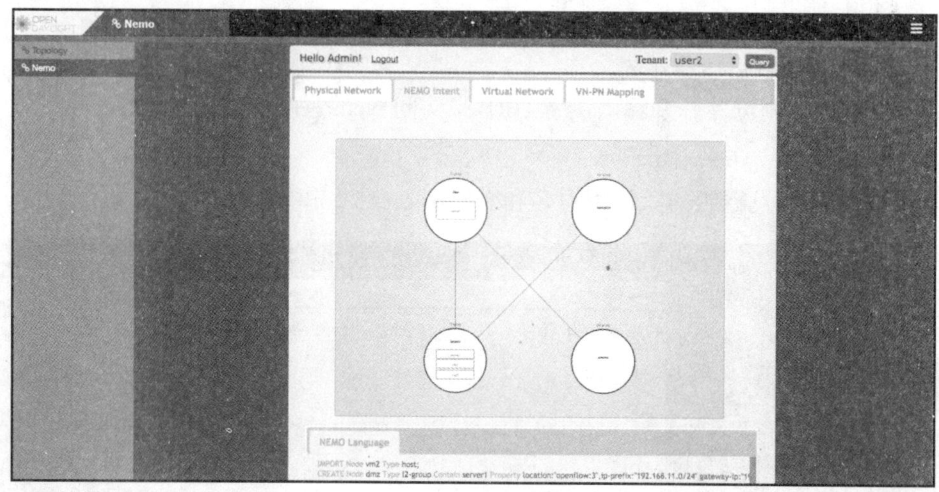

在 Nemo Language 选项卡上，你会看到配置意图策略已由意图抽象表达式表示。向下滚动，可以看到以下信息：

CREATE Connection c1 Type p2p Endnodes interior, enterprise Property bandwidth:"512";

为了从使用 OpenDaylight Nemo 项目中获得好处，网络运营商希望允许企业和内部区域之间的 BoD 服务在非工作时间为 512Hz，在工作时间为 1GHz。要将 BoD 服务带宽增加到 1GHz，可以在 `VCP` 文件夹下执行 `bod-1024.py` 脚本。运行 `bod-1024.py` 脚本后，应该能够看到 Nemo Language 选项卡中带宽连接已增加到 1 024 GHz：

CREATE Connection c1 Type p2p Endnodes interior, enterprise Property bandwidth:"1024";

有关 Nemo 语言的更多信息，可以从 OpenDaylight wiki 网站查看。URL 如下：

`https://wiki.opendaylight.org/images/9/9e/Instruction_for_NEMO_editor.pdf`

使用 OpenDaylight 管理支持 SXP 的设备

在大多数思科设备中使用源组标签交换协议（SXP）来处理 IP 地址和安全组标签

之间的绑定。SXP 将源组视为连接到网络的端点。这些源组具有应用和配置的通用网络策略。

OpenDaylight 中的 SXP 项目用于处理 IP 地址和每个端点连接的安全组标记（SGT）之间的绑定信息。

预备条件

此项配置需要 OpenDaylight Beryllium 发行版，你需要从本书的 GitHub 存储库下载配置文件夹。接下来，将学习如何使用 OpenDaylight 来配置 SXP 网络设备。

操作指南

执行如下步骤。

1. 使用 karaf 脚本启动 OpenDaylight 发行版。使此客户端可以访问 `Karaf` CLI：

```
$ cd distribution-karaf-0.4.1-Beryllium-SR1/
$ ./bin/karaf
________ ________ .__ .__ .__ __
\_____ \ ______ ____ ____ \______ \ _____ ___.__.| | |__| ____
| |___/ |_
/ | \\____ \_/ __ \ / \ | | \\__ \< | || | | |/ ___\| | \ __\
/ | \ |_> > ___/| | \| ` \/ __ \\___ || |_| / /_/ > Y \ |
\_______ / __/ \___ >___| /_______ (____ / ____||____/__\___
/|___| /__|
\/|__| \/ \/ \/ \/\/ /_____/ \/
Hit '<tab>' for a list of available commands
and '[cmd] --help' for help on a specific command.
Hit '<ctrl-d>' or type 'system:shutdown' or 'logout' to   shut
down OpenDaylight.
opendaylight-user@root>
```

2. 在 Karaf CLI 中使用以下命令安装 SXP 功能：

```
opendaylight-user@root> feature:install odl-sxp-all
```

使用以下命令检查 Karaf CLI 中安装的 SXP 功能：

```
opendaylight-user@root> feature:list -i | grep sxp
```

应该在 Karaf CLI 中看到以下内容：

```
opendaylight-user@root>feature:list | grep sxp
odl-sxp-all                 | 1.2.2-Beryllium-SR2 | x    | odl-sxp-1.2.2-Beryllium-SR2    | OpenDaylight :: Sxp :: All
odl-sxp-api                 | 1.2.2-Beryllium-SR2 | x    | odl-sxp-1.2.2-Beryllium-SR2    | OpenDaylight :: Sxp :: Api
odl-sxp-core                | 1.2.2-Beryllium-SR2 | x    | odl-sxp-1.2.2-Beryllium-SR2    | OpenDaylight :: Sxp :: Cor
e
odl-sxp-controller          | 1.2.2-Beryllium-SR2 | x    | odl-sxp-1.2.2-Beryllium-SR2    | OpenDaylight :: Sxp :: Con
troller
```

3．现在，在安装 SXP 功能后，需要检查 OpenDaylight 目录中的 etc/opendaylight/karaf/22-sxp-controller-one-node.xml。该文件包含 SXP 节点的初始配置和预定义连接。根据你的网络配置，配置的最重要的部分是 sxp-controller 部分：

```
<sxp-controller>
  <sxp-node>
<!--name></name-->
  <enabled>true</enabled>
  <node-id>127.0.0.1</node-id>
<!--source-ip></source-ip-->
  <tcp-port>64999</tcp-port>
  <version>version4</version>
<!--security>
  <password>cisco123</password>
</security-->
  <mapping-expanded>5</mapping-expanded>
  <description>ODL SXP Controller</description>
<!-- Binding format: prefix/length -->
  <master-database></master-database>
<!-- Timers setup: 0 to disable specific timer usability -->
  <timers>
<!-- Common -->
  <retry-open-time>5</retry-open-time>
<!-- Speaker -->
  <hold-time-min-acceptable>120</hold-time-min-acceptable>
  <keep-alive-time>30</keep-alive-time>
<!-- Listener -->
  <hold-time>90</hold-time>
  <hold-time-min>90</hold-time-min>
  <hold-time-max>180</hold-time-max>
  </timers>
  </sxp-node>
```

```
    </sxp-controller>
```

如果更改了该文件，请不要忘记重新启动 OpenDaylight。

4．现在准备开始将安全组和过滤器添加到 OpenDaylight。需要在配置文件夹中使用 REST API 整合 SXP.postman_collection.json，并将其导入到 PostMan 应用程序中。

5．将在 SXP PostMan 集合对等组中找到以下 REST API 调用：**Add PeerGroup, Get PeerGroup** 等。你还可以找到以下过滤器 REST API 调用：**Add Filter, Delete Filter** 等。需要根据网络配置调整其信息：

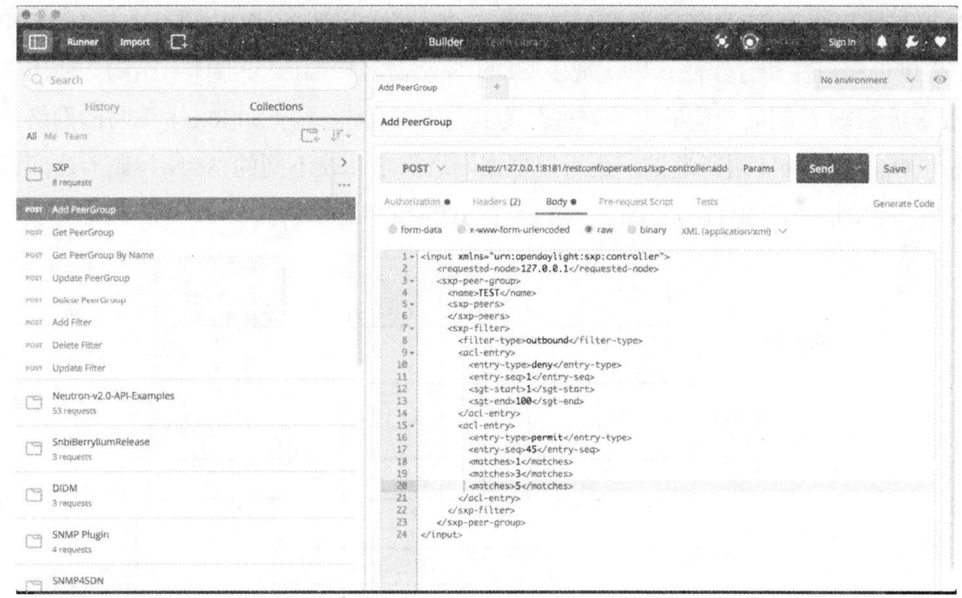

更多信息

有关更多网络拓扑示例信息，可以查阅 22-sxp-controllerone-node.xml 文件。

- 多节点 SXP 网络拓扑：

https://github.com/opendaylight/integration-test/tree/master/csit/suites/sxp/topology

- 过滤器节点 SXP 网络拓扑：

https://github.com/opendaylight/integration-test/tree/master/csit/suites/sxp/filtering

使用 OpenDaylight 作为 SDN 控制器服务器

在真实的 SDN 环境中，存在使用多个 SDN 控制器来管理网络的可能性。诸如 **Ryu**，**Floodlight** 和 **Pyretic** 等 SDN 控制器，可以使用 OpenDaylight 作为控制器服务器与网络设备进行通信。实际上，OpenDaylight 将作为 SDN 控制器服务器工作，其他 SDN 控制器将作为 SDN 控制器客户端工作。OpenDaylight NetIDE 项目在单个 SDN 网络中提供可移植性和合作性，以实现多 SDN 控制器客户端/服务器体系结构。使用客户端/服务器 SDN 控制器架构的主要好处是为其他 SDN 控制器（如 Ryu）编写的网络应用程序与 OpenDaylight 进行通信。也可以根据网络需求，在不同的 SDN 控制器之间调度 SDN 网络管理，平滑整合。下图显示了多个 SDN 控制器示例。

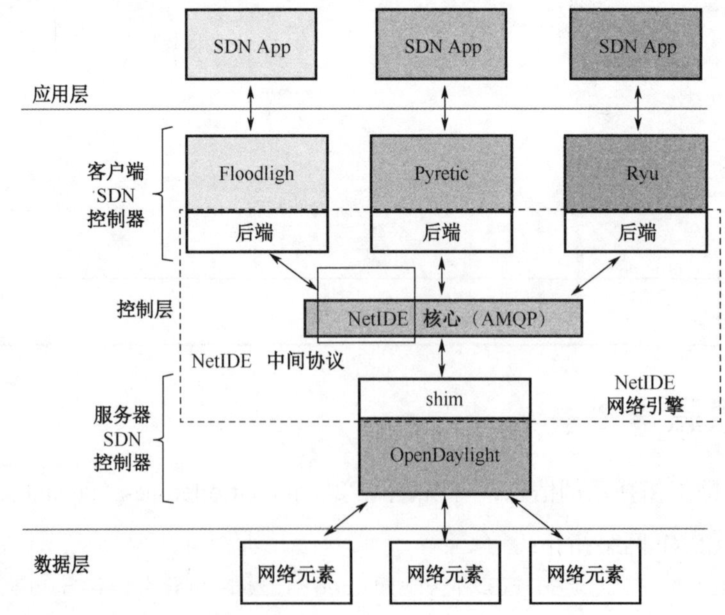

预备条件

此项配置需要一个 Ubuntu 14.04 环境、OVS 2.3、Mininet、OpenDaylight 发行版，

Ryu 作为另一个 SDN 控制器，以及来自 fp7 的网络引擎项目 `https://github.com/fp7-netide/Engine`。如果在配置文件夹中使用预定义的 Vagrant 文件，还需要下载 Vagrant。在这一小节中，将学习防火墙网络应用程序如何在 Ryu 上运行，SDN 控制器客户端如何与 OpenDaylight 作为 SDN 控制器的服务器通信。

操作指南

执行如下配置。

1. 如果已经安装了预先要的软件，则可以跳过此步骤，直接从步骤 3 开始操作。否则，需使用预定义的 Vagrant 文件来建立环境。如果尚未安装 Vagrant，则需要首先安装 Vagrant，然后需要配置文件夹中的 `NemoVM` 目录：

```
$ cd chapter4-recipe8/NetIDEVM/
```

更改 Vagrant 文件中的网络接口名称以匹配机器网络接口：

```
$ vi Vagrantfile
```

转到第 72 行，更改 `en0` 以匹配机器网络接口，保存该文件。然后，启动虚拟机安装：

```
$ vagrant up
```

安装需要 15～20 分钟，正好可以喝杯咖啡。

2. 安装完成后，可以使用 vagrant ssh 命令访问 `NetIDEVM`：

```
$ vagrant ssh
```

3. `NetIDEVM` 使用 karaf 脚本启动 OpenDaylight 发行版。使用 `karaf` 脚本可以访问 `Karaf` CLI：

```
$ cd distribution-karaf-0.4.1-Beryllium-SR1/
$ ./bin/karaf
________ ________ .__ .__ .__ __
\_____ \ ______ ____ ____ \______ \ _____ ___.__.| | |__| ____
| |___/ |_
/ | \\____ \_/ __ \ / \ | | \\__ \< | || | | |/ ___\| | \ __\
/ | \ |_> > ___/| | \| ` \/ __ \\___ || |_| / /_/ > Y \ |
\_______ / __/ \___ >___| /_______ (____ / ____||____/__\___
/|___| /__|
\/|__| \/ \/ \/ \/\/ /_____/ \/
Hit '<tab>' for a list of available commands
```

```
and '[cmd] --help' for help on a specific command.
Hit '<ctrl-d>' or type 'system:shutdown' or 'logout' to   shut
down OpenDaylight.
opendaylight-user@root>
```

4. 使用以下命令安装 NetIDE 功能：

```
opendaylight-user@root> feature:install odl-netide-rest
```

可以使用以下命令在 Karaf CLI 中检查 NetIDE 安装的功能：

```
opendaylight-user@root> feature:list -i | grep netide
```

可以在 Karaf CLI 看到以下内容：

```
opendaylight-user@root>feature:list -i | grep netide
odl-netide-api     | 0.1.2-Beryllium-SR2 | x | odl-netide-0.1.2-Beryllium-SR2 | OpenDaylight :: netide :: api
odl-netide-impl    | 0.1.2-Beryllium-SR2 | x | odl-netide-0.1.2-Beryllium-SR2 | OpenDaylight :: netide :: impl
odl-netide-rest    | 0.1.2-Beryllium-SR2 | x | odl-netide-0.1.2-Beryllium-SR2 | OpenDaylight :: Netide :: REST
```

5. 现在，需要打开一个新的控制台，并且转到 `Engine` 目录的 `ryu-backend` 文件夹下面。

```
$ cd Engine/ryu-backend/tests
```

然后，将使用 Mininet 创建一个包含三台主机和三台交换机的简单网络拓扑。执行以下命令创建网络拓扑：

```
$ sudo mn --custom netide-topo_13.py --topo mytopo-controller=remot
e, ip=127.0.0.1, port=6644
```

由于 Engine 项目处于活跃开发阶段，因此，可能无法在测试目录下找到 `netide-topo_13.py` 文件。需要使用以下命令将 `netide-topo.py` 文件复制为 `netide-topo_13.py`：

```
$ sudo cp netide-topo.py ~/netide-topo_13.py
```

然后，使用以下命令将 OpenFlow 协议版本从 1.0 修改为 1.3：

```
$ cd ~/
$ vi netide-topo_13.py
```

现在将所有 `OpenFlow10` 值更改为 `OpenFlow13`，并保存该文件。重新执行 Mininet 命令。

6. 打开另一个控制台，转到 Engine 目录中的 `ryu-backend` 文件夹：

```
$ cd ~/Engine/ryu-backend/tests
```

运行引擎代理来管理 OpenDaylight 和其他 SDN 控制器之间的通信：

```
$ python AdvancedProxyCore.py -c CompositionSpecification.xml
```

7. 打开另一个控制台，并转至 Engine 目录下的 ryu-backend 文件夹：

```
$ cd ~/Engine/ryu-backend/
```

使用以下命令启动 Ryu 控制器和固件网络程序：

```
$ ryu-manager --ofp-tcp-listen-port 7733 ryu-backend.py
tests/simple_switch_13.py tests/firewall_13.py
```

8. 现在要确认一切正常，请返回到 Mininet 控制台，并使用以下命令 ping 所有主机：

```
$ mininet> pingall
```

应该看到所有主机都可以互相访问。

工作原理

网络引擎与 Ryu 一起作为 SDN 控制器客户端运行的防火墙（网络应用程序），OpenDaylight 作为 SDN 控制器服务器运行。事实上，网络引擎使用 NetIDE 作为处理客户端/服务器 SDN 控制器之间通信的中间协议。下图为网络引擎的内部设计示意图。

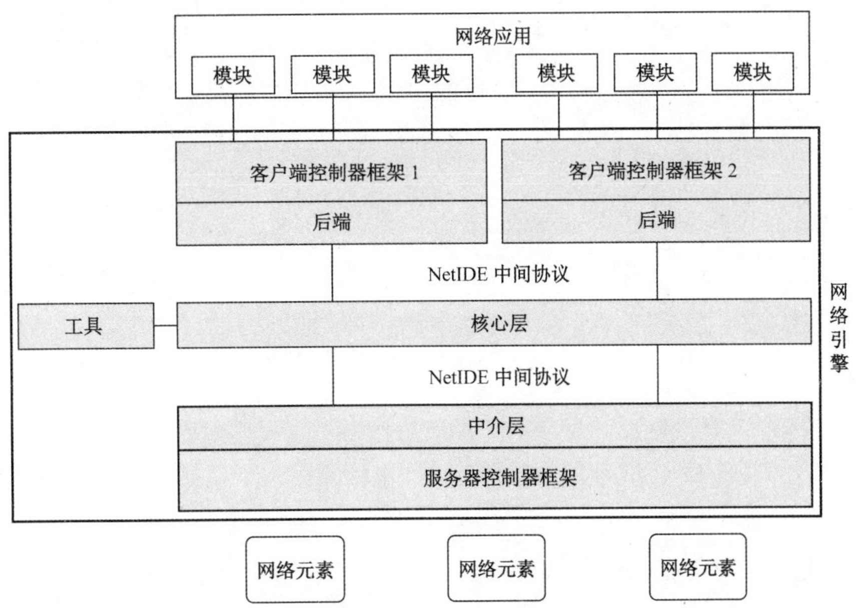

例如，当防火墙模块向网络发送请求以检索流量统计信息时，网络引擎将证明 Ryu（SDN 控制器客户端）和 OpenDaylight（SDN 控制器服务器）之间的请求是否正确，并

且正确地驱动该请求。有关网络引擎和 NetIDE 协议的更多信息，可以在 OpenDaylight 网站上查看 NetIDE 项目 wiki 信息：

```
https://wiki.opendaylight.org/view/NetIDE:Developer_Guide
```

参考资料

OpenDaylight NetIDE 项目可以与其他 SDN 控制器（如 Floodlight）一起使用。你可以查看 NetIDE 系统测试 wiki 页面，了解有关如何与 Floodlight 集成的更多信息：

```
https://wiki.opendaylight.org/view/NetIDE:Beryllium:System_Test
```

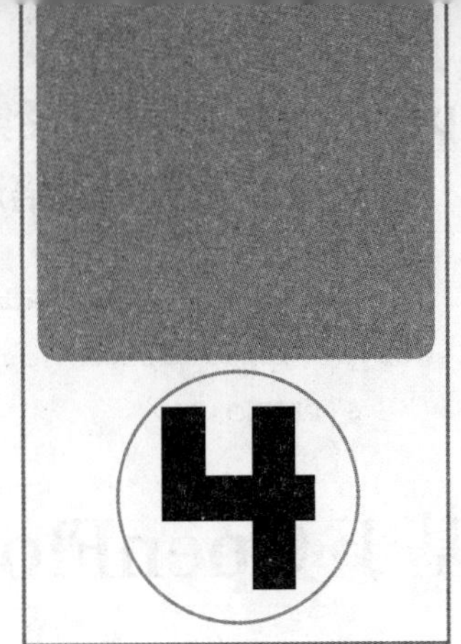

网络虚拟化

本章，主要介绍以下内容：

- 基于 OpenFlow 实现网络虚拟化；
- 与 OpenStack Neutron 集成配置；
- OpenStack 和 OpenDaylight 集成；
- 边缘虚拟网络；
- 服务功能链（SFC）。

内容概要

网络虚拟化提供了将网络硬件资源与虚拟网络分离的能力，以便更好地扩展，并支持虚拟环境。虚拟化是使用一个硬件平台模拟软件中的硬件平台以支持多个虚拟机（VM）的能力，这些虚拟机可按需管理。网络功能虚拟化（NFV）能够将网络功能转变为虚拟化软件。

结合软件定义网络，NFV 的交互可以大大增加和定制，以便为云、数据中心提供细粒度优化。动态配置和监控，使用按需网络功能的横向扩展基础设施，更好地管理和理解生产拓扑和其他功能，这是 NFV 和 SDN 为电信生态系统带来的好处。这提供了经济高效、可扩展，并且易于管理的解决方案。

在本章中，将看到 OpenDaylight 提供的网络虚拟化的一些用法。

使用用户名：admin，密码：admin 访问 REST API。

在学习本章介绍的案例时，需要 REST 请求，提供操作、标头、有效负载和 URL。使用 curl 命令发送这些请求，如下所示：

```
    curl -v --user "admin":"admin" -H "Accept: application/json" -H "Co
ntenttype:application/josn" -k -X ${OPERATION} -d '
    ${PAYLOAD}'
```

基于 OpenFlow 实现网络虚拟化

正如公司通常分几个部门，每个部门都有明确的分工。同样，网络系统和硬件在不同的部门。OpenDaylight 的虚拟网络租户项目出于减轻物理网络负荷的考虑，采用软件处理。VTN 允许用户创建网络功能作为虚拟实体，而不必考虑物理网络，因为它会自动映射所需的网络功能完成配置。因此，能更好地利用资源，减少重新配置网络服务时间。

该项目提供两个主要组成部分。

- VTN Manager

与其他模块交互的内部 OpenDaylight 应用程序，VTN 模型组件。调用 REST API，用户可以根据需要创建、删除、更新和删除（CRUD）VTN 组件。

此外，VTN 管理器实现 OpenStack L2 网络功能 API。

- VTN 协调器

作为外部应用程序提供，但是在 OpenDaylight 发行版发布。它提供 REST API 来与 VTN Manager 组件交互，以便定义用户配置。它是服务和编排层的一部分，支持多控制器编排，并使虚拟网络租户功能有效。

此小节主要介绍为了提供虚拟 2 层网络，使用 VTN 管理器组件和虚拟网桥互连主机。

预备条件

此解决方案需要一个虚拟交换机。如果没有虚拟交换机，可以使用 Mininet-VM 与 OvS 安装。可以从网站下载 Mininet-VM：

https://github.com/mininet/mininet/wiki/Mininet-VM-Images。

本章采用 OvS 2.3.1 的 Mininet-VM。

可以从以下网站得到更多 PostMan 信息：

https://www.getpostman.com/collections/d49899eae85985d8e4ba

操作指南

1．现在已经下载了所有必须的软件，并且有一个执行环境，让我们创建一个虚拟2层网络。

2．使用 karaf 脚本启动 OpenDaylight 发行版。使用此脚本可以访问 Karaf CLI：

```
$ ./bin/karaf
```

3．安装面向用户的功能，负责提取连接 OpenFlow 交换机所需的所有依赖项：

```
opendaylight-user@root>feature:install odl-vtn-manager-neutron
opendaylight-user@root>feature:install odl-vtn-manager-rest
```

完成安装需要一分钟左右。

VTN 管理器功能与 Neutron Northbound（NN）的其他 OpenStack 相关功能不兼容，并且与其他流编程功能也不兼容。

4．以被动或主动模式将 OvS 实例连接到 OpenDaylight。

- 使用以下凭据登录 Mininet-VM：
  - 用户名：mininet
  - 密码：mininet
- 使用活动模式连接到 OvS：

```
$ sudo ovs-vsctl set-manager tcp:${CONTROLLER_IP}:6640
```

${CONTROLLER_IP}是运行 OpenDaylight 的主机的 IP 地址。

虚拟交换机现已连接到 OpenDaylight：

```
mininet@mininet-vm:~$ sudo ovs-vsctl show
0b8ed0aa-67ac-4405-af13-70249a7e8a96
    Manager "tcp:192.168.0.115:6640"
        is_connected: true
    ovs_version: "2.3.1"
```

5．使用以下命令在 Mininet-VM 中创建包含 3 个交换机和 4 个主机的网络拓扑：

```
$ sudo mn --controller=remote,ip=${CONTROLLER_IP} --topo tree,2
```

可以使用以下命令查看拓扑：

```
mininet> net
```

直观表示如下：

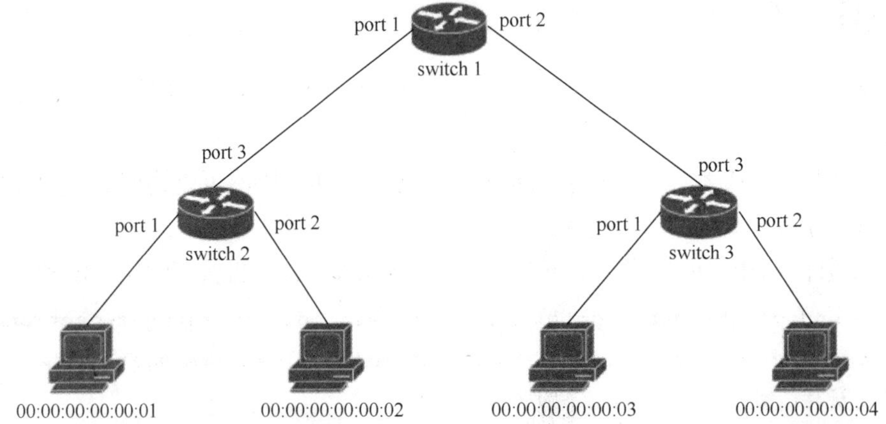

6. 尝试从 `h3` ping `h1`。因为交换机 2 无法到达交换机 3，结果会是失败：

```
mininet> h1 ping h3
PING 10.0.0.3 (10.0.0.3) 56(84) bytes of data.
From 10.0.0.1 icmp_seq=1 Destination Host Unreachable
From 10.0.0.1 icmp_seq=2 Destination Host Unreachable
From 10.0.0.1 icmp_seq=3 Destination Host Unreachable
^C
--- 10.0.0.3 ping statistics ---
5 packets transmitted, 0 received, +3 errors, 100% packet loss,
time 4024ms
```

7. 当有一个表未命中时，为每个交换机添加所需的流以将数据包转发到控制器：

```
$ sudo ovs-ofctl add-flow s1
priority=0,actions=output:CONTROLLER
$ sudo ovs-ofctl add-flow s2
priority=0,actions=output:CONTROLLER
$ sudo ovs-ofctl add-flow s3
priority=0,actions=output:CONTROLLER
```

只有第一版 Beryllium 才需要此步骤。对于 Beryllium-SR 之后的版本，将自动添加这些流。

8. 使用以下请求创建名为 vtn1 的虚拟租户。

- 类型：`POST`
- 头部信息：

Authorization: Basic YWRtaW46YWRtaW4=

- URL：

  http://localhost:8181/restconf/operations/vtn:update-vtn

- 内容：

```
{
    "input":{
        "tenant-name":"vtn1"
    }
}
```

应该会收到 200 OK 的反馈信息。

9. 在先前创建的租户中创建名为 vBr1 的虚拟网桥。

- 类型：POST
- 头部信息：

  Authorization: Basic YWRtaW46YWRtaW4=

- URL：

  http://localhost:8181/restconf/operations/vtn:update-vtn

- 内容：

```
{
    "input":{
        "tenant-name":"vtn1",
        "bridge-name":"vbr1"
    }
}
```

应该会收到 200 OK 的反馈信息。

10. 在虚拟网桥中创建两个接口 if1 和 if2。

- 类型：POST
- 头部信息：

  Authorization: Basic YWRtaW46YWRtaW4=

- URL：

  http://localhost:8181/restconf/operations/vtn-vinterface:update-vinterface

- 内容：

```
{
    "input":{
        "tenant-name":"vtn1",
        "bridge-name":"vbr1",
        "interface-name":"if1"
    }
}
```

应该会收到 200 OK 的反馈信息。

11．重复此请求以创建第二个接口，但将 interface-name 更改为 `if2`。

12．在先前创建的接口和交换机中的实际端口之间创建映射。目的是在 `h1` 和 `h3` 之间建立一个桥。在 OvS 中，`h1` 连接到端口 `s2-eth1`，`h3` 连接到端口 `s3-eth1`。

13．为了执行映射，还需要 OpenFlow 节点与交换机端口相关的 OpenDaylight 数据存储。可以通过阅读来检索 OpenFlow 节点信息（参见第 1 章，OpenDaylight 基础知识之连接 OpenFlow 交换机）。在示例中，`s2-eth1` 与 `openflow:2`，`s3-eth1` 与 `openflow:3`：相关。

- 类型：`POST`
- 头部信息：

  Authorization: Basic `YWRtaW46YWRtaW4=`
- URL：

  `http://localhost:8181/restconf/operations/vtn-port-map:set-port-map`
- 内容（host 1）：

```
{
    "input":{
        "tenant-name":"vtn1",
        "bridge-name":"vbr1",
        "interface-name":"if1",
        "node":"openflow:2",
        "port-name":"s2-eth1"
    }
}
```

应该可以收到 200 OK 反馈信息。

14．重复操作。确保使用主机 3 的值替换 interface-name、node 和 port-name。

主机 1 现在应该能够使用创建的虚拟网桥 ping 主机 3：

```
mininet> h1 ping h3
PING 10.0.0.3 (10.0.0.3) 56(84) bytes of data.
64 bytes from 10.0.0.3: icmp_seq=1 ttl=64 time=47.4 ms
64 bytes from 10.0.0.3: icmp_seq=2 ttl=64 time=0.220 ms
64 bytes from 10.0.0.3: icmp_seq=3 ttl=64 time=0.055 ms
64 bytes from 10.0.0.3: icmp_seq=4 ttl=64 time=0.150 ms
^C
--- 10.0.0.3 ping statistics ---
4 packets transmitted, 4 received, 0% packet loss, time 3002ms
rtt min/avg/max/mdev = 0.055/11.968/47.450/20.485 ms
```

工作原理

将物理端口连接到虚拟接口时，VTN 项目将推送交换机中的流规则，以使用端口、VLAN 和 MAC 地址上的匹配启用通信。

查看每个交换机内的流（仅显示交换机 1，但其他交换机中存在类似的流）匹配标记为 VLAN 0x000（以及任何优先级）的数据包：

```
    mininet@mininet-vm:~$ sudo ovs-ofctl dump-flows s1 -OOpenFlow13
    OFPST_FLOW reply (OF1.3) (xid=0x2): cookie=0x0, duration=123.379s,
table=0,
    n_packets=48, n_bytes=4080, priority=0 actions=CONTROLLER:65535
    cookie=0x7f56000000000001, duration=118.249s, table=0, n_packets=4,
    n_bytes=336, send_flow_rem
    priority=10,in_port=2,vlan_tci=0x0000/0x1fff,dl_src=a6:33:4c:dd:fb:
9f,dl_ds
    t=92:bd:3b:89:75:6b actions=output:1 cookie=0x7f56000000000002,
    duration=118.243s, table=0, n_packets=4, n_bytes=336, send_flow_rem
    priority=10,in_port=1,vlan_tci=0x0000/0x1fff,dl_src=92:bd:3b:89:75:
6b,dl_dst=a6:33:4c:dd:fb:9f actions=output:2
```

更多信息

- 使用以下请求检索整个配置。

- 类型：GET
- 头部信息：

  Authorization: Basic YWRtaW46YWRtaW4=
- URL：

  http://localhost:8181/restconf/operational/vtn:vtns/

- 使用此请求删除创建的租户的整个配置：
  - 类型：POST
  - 头部信息：

    Authorization: Basic YWRtaW46YWRtaW4=
  - URL：

    http://localhost:8181/restconf/operations/vtn:remove-vtn
  - 内容：

```
{
    "input":{
    "tenant-name":"vtn1"
    }
}
```

与 OpenStack Neutron 集成配置

OpenStack 组件网络——以直通的方式将 Neutron API 连接到 OpenDaylight。OpenDaylight 中的 Neutron 北向项目为 Neutron 中定义的 API 定义了 YANG 模型。Beryllium 发行版模型可以在项目的 GitHub 镜像中找到：https://github.com/opendaylight/neutron/tree/stable/beryllium/model/src/main/yang 。这两个项目建立了 NFV 平台和软件定义网络框架之间的桥梁。

OpenStack 的模块化第 2 层驱动程序和 OpenDaylight 的 Neutron 北向项目的任务是在两个框架之间共享数据时保持内部数据库同步。

Neutron 北向项目根本不与数据交互。当 Neutron 事件发生时，将其提供给数据存储。Neutron 北向的消费者服务将能够在这些模型上注册听众，以便根据事件对网络行为反应和编程。

在本文中，将展示如何使用虚拟提供程序创建网络、子网和端口，以便顺利完成配置。目的是演示如何在 OpenDaylight 中集成 Neutron API。

预备条件

执行本小节操作案例需要 OpenDaylight 和功能文件添加虚拟提供程序，以便在没有任何用户注册的情况下测试 Neutron API（下面将会详细介绍操作步骤）。

由于删除了虚拟提供程序，因此，本小节的配置在 Boron 版本中不起作用。它仅适用于 Lithium 和 Beryllium 版本。

操作指南

执行以下步骤。

1. 现在您已经下载了所需的软件，并且有一个执行环境，接下来看看 OpenDaylight 如何实施端到端集成之前模拟 Neutron 事件。

2. 使用 karaf 脚本启动 OpenDaylight karaf 发行版。使用此脚本可以访问 karaf CLI：

```
$ ./bin/karaf
```

3. 安装负责拉入所有依赖包的面向用户的功能：

```
opendaylight-user@root>feature:install odl-neutron-service
```

完成安装需要一分钟左右。

4. 在 CLI CLA 上使用以下命令验证部署：

```
$ web:list
```

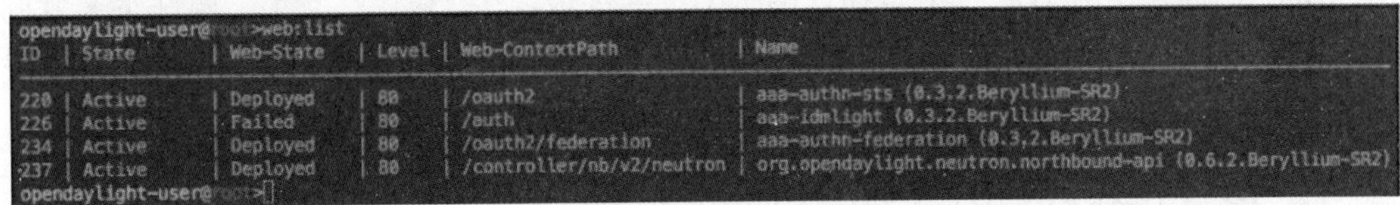

```
opendaylight-user@root>web:list
ID  | State    | Web-State  | Level | Web-ContextPath             | Name
-----------------------------------------------------------------------------------------------
220 | Active   | Deployed   | 80    | /oauth2                     | aaa-authn-sts (0.3.2.Beryllium-SR2)
226 | Active   | Failed     | 80    | /auth                       | aaa-idmlight (0.3.2.Beryllium-SR2)
234 | Active   | Deployed   | 80    | /oauth2/federation          | aaa-authn-federation (0.3,2.Beryllium-SR2)
237 | Active   | Deployed   | 80    | /controller/nb/v2/neutron   | org.opendaylight.neutron.northbound-api (0.6.2.Beryllium-SR2)
opendaylight-user@root>
```

可以看到 Web-ContextPath 的 Web 状态`/controller/nb/v2/neutron` 已部署，这意味着在 OpenDaylight 中充当 Neutron 北向的 Web 服务器已部署并可用。

5. 添加一个功能存储库，引入虚拟提供程序以测试 API。

下载相应的功能文件，具体取决于您使用的版本：

- Beryllium-SR：

https://raw.githubusercontent.com/jgoodyear/OpenDaylightCookbook/master/chapter5/chapter5-recipe2/src/main/resources/features-neutrontest-0.6.0-Beryllium-features.xml

- Beryllium-SR1：

https://raw.githubusercontent.com/jgoodyear/OpenDaylightCookbook/master/chapter5/chapter5-recipe2/src/main/resources/features-neutrontest-0.6.1-Beryllium-SR1-features.xml

- Beryllium-SR2：

https://raw.githubusercontent.com/jgoodyear/OpenDaylightCookbook/master/chapter5/chapter5-recipe2/src/main/resources/features-neutrontest-0.6.2-Beryllium-SR2-features.xml

6. 使用此命令在正在运行的 OpenDaylight 实例中添加存储库：

```
$ feature:repo-add
https://nexus.opendaylight.org/content/repositories/opendaylight.release/org/opendaylight/neutron/features-neutron-test/0.6.0-Beryllium/features-neutron-test-0.6.0-Beryllium-features.xml
```

7. 添加后，安装虚拟提供程序功能：

```
$ feature:install odl-neutron-dummyprovider-test
```

8. 添加网络。

要执行此操作，需要发送以下请求及有效负载。

9. tenant_id 对应将拥有此网络的租户的 UUID。我们还没有为该配方创建租户，但在真正的 OpenStack 部署中，可以通过 OpenStack API 实现。

10. segmentation_id 是物理网络上的隔离段。network_type 属性定义分段模型。例如，如果 network_type 是 VLAN，则此 ID 是 VLAN 标识符。如果 network_type 为 gre，则此 ID 为 gre 键。

11. ID 是生成的 UUID，它将唯一标识此网络。

- 类型：POST
- 头部信息：

  Authorization: Basic YWRtaW46YWRtaW4=

- URL：

  http://localhost:8080/controller/nb/v2/neutron/networks/

- 内容：

```
{
    "networks":[
    {
        "status":"ACTIVE",
        "subnets":[],
        "name":"network1",
        "admin_state_up":true,
        "tenant_id":"60cd4f6dbc5f499982a284e7b83b5be3",
        "provider:network_type":"local",
        "router:external":false,
        "shared":false,
        "id":"e9330b1f-a2ef-4160-a991-169e56ab17f5",
        "provider:segmentation_id":100
    }
  ]
}
```

使用虚拟提供程序，响应会是 201。

12．在网络中为同一租户添加子网。

ID 是生成的 UUID，它将唯一标识此子网：

- 类型：POST
- 头部信息：

  Authorization: Basic YWRtaW46YWRtaW4=
- URL：

  http://localhost:8080/controller/nb/v2/neutron/subnets/
- 内容：

```
{
    "subnet": {
        "name": "",
        "enable_dhcp": true,
        "network_id": "e9330b1f-a2ef-4160-a991-169e56ab17f5",
        "tenant_id": "4fd44f30292945e481c7b8a0c8908869",
        "dns_nameservers": [
      ],
```

```
      "allocation_pools": [
      {
          "start": "192.168.199.2",
          "end": "192.168.199.254"
      }
    ],
    "host_routes": [
    ],
    "ip_version": 4,
    "gateway_ip": "192.168.199.1",
    "cidr": "192.168.199.0/24",
    "id": "3b80198d-4f7b-4f77-9ef5-774d54e17126"
    }
}
```

13．在子网内和同一租户中创建一个端口。

id是生成的UUID，它将唯一标识此端口：

- 类型：POST
- 头部信息：

  Authorization: Basic YWRtaW46YWRtaW4=

- URL：

  http://localhost:8080/controller/nb/v2/neutron/ports/

- 内容：

```
{
    "port": {
      "status": "DOWN",
      "binding:host_id": "",
      "name": "port1",
      "allowed_address_pairs": [
      ],
      "admin_state_up": true,
      "network_id": "e9330b1f-a2ef-4160-a991-169e56ab17f5",
      "tenant_id": "4fd44f30292945e481c7b8a0c8908869",
      "binding:vif_details": {
      },
```

```
        "binding:vnic_type": "normal",
        "binding:vif_type": "unbound",
        "mac_address": "fa:16:3e:c9:cb:f0",
        "binding:profile": {
        },
        "fixed_ips": [
          {
            "subnet_id": "3b80198d-4f7b-4f77-9ef5-774d54e17126",
            "ip_address": "192.168.199.1"
          }
        ],
        "id": "65c0ee9f-d634-4522-8954-51021b570b0d"
      }
    }
```


工作原理

通过本书前面章节提到的定义模型，发送的每个请求都等同于 OpenDaylight 数据存储区中的写入。Neutron 北向项目支持三个以上的基本操作，但目的是演示它是如何工作的，以及与 OpenStack Neutron API 匹配的内容。

OpenStack 与 OpenDaylight 集成

OpenDaylight 中的各种项目集成了 OpenStack，例如，前面提到的 VTN 项目。在本小节中，我们将专注于一个不同的项目：网络虚拟化项目 NetVirt。

NetVirt 是一种虚拟化解决方案，使用 Open vSwitch 数据库项目（OVSDB）作为开放 vSwitch 和硬件 VTEP 交换机的南向提供商。NetVirt 项目还支持服务功能链（将在下一小节中讨论）。

在本文中，我们将演示使用 DevStack 与 OpenDaylight 集成的 OpenStack。

预备条件

本小节配置至少需要两个 OpenStack 节点：一个控制节点和一个计算节点（可以拥有多个计算节点），以及一个 OpenDaylight 发行版。方便起见，还需要一个 OVA 镜像。另外，使用 VirtualBox，您可以轻松启动部署设置。它包含 OpenStack Liberty 和 OpenDaylight Beryllium。从以下地址下载软件：

https://drive.google.com/file/d/0B8ihDx8wnbwjMU5nUmttUFRJOEU

OVA 镜像提供三个节点：

- OpenStack 控制和计算 - devstack - OvS - CentOS7；
- OpenStack 计算 - devstack - OvS - CentOS7；
- 外部访问路由器 - CentOS6.5。

如果要在同一主机上运行所有内容，运行此小节配置将需要至少 8～16 GB 的 RAM。

操作指南

执行以下步骤。

1．现在你已经下载了所有必须的软件，让我们构建 OpenStack 环境，并将其连接到 OpenDaylight，以便管理底层网络层。

2．打开 VirtualBox。

可以从以下地址下载：

https://www.virtualbox.org/wiki/Downloads

3．将 OVA 导入 VirtualBox，文件|导入设备。

4．选择以前下载的设备：

ovsdbtutorial15_2_liberty_be_external.ova

5．几分钟后，VirtualBox 中将有三个新节点，名为 odl31-control、odl32-compute 和 router-node。

6．使用终端命令行启动前两个 VM，并使用 ssh 登录。

7．登录控制节点，密码是 odl：

```
$ ssh odl@192.168.50.31
```

8．登录计算节点，密码是 odl：

```
ssh odl@192.168.50.32
```

9．为了启动和配置 OpenStack，使用 DevStack 完成集成：

http://docs.openstack.org/developer/devstack/

DevStack 提供了从源代码安装 OpenStack 关键组件的工具，允许用户选择要使用的服务。DevStack 的配置文件是 local.conf。

10．仔细看看 DevStack 配置文件。

● 第一行是设置日志记录配置。为了更好的操作，把输出日志设为不同：

```
LOGFILE=/opt/stack/logs/stack.sh.log
SCREEN_LOGDIR=/opt/stack/logs
LOG_COLOR=False
```

● VM 中提供的图像包含所有必须的源代码和工具，设置以下选项以避免更新源代码：

```
OFFLINE=True
RECLONE=no
VERBOSE=TRUE
```

● 禁用所有服务，以便我们明确启用需要的内容：

```
disable_all_services
```

● 启用核心服务：glance，keystone，nova，vnc，horizon：

```
enable_service g-api g-reg key n-api n-crt n-obj n-cpu n-cond
n-sch n-novnc n-xvnc n-cauth
enable_service horizon
```

● 将 OpenDaylight 设置为 Neutron 后端引擎，而不是 OpenStack L2 代理：

```
enable_service neutron q-dhcp q-meta q-svc odl-compute odlneutron
```

● 设置主机信息。您需要运行 DevStack 的主机 IP 地址，在本例中为 192.168.254.31，您必须定义主机名，在本例中为 odl31：

```
HOST_IP=192.168.254.31
HOST_NAME=odl31
SERVICE_HOST_NAME=$HOST_NAME
SERVICE_HOST=$HOST_IP
Q_HOST=$SERVICE_HOST
```

● 使用其存储库信息，启用 networking-odl 插件。

● 当配置为脱机时，DevStack 将尝试从/opt/stack/networking-odl 文件夹中检索 networking-odl 存储库（这是源代码实际所在的位置）：

```
enable_plugin networking-odl
http://git.openstack.org/openstack/networking-odl
```

● 有关 OpenDaylight 的一些配置必须在此文件中设置。

重要内容如下：

```
ODL_PORT=8080
ODL_MGR_IP=192.168.2.11
ODL_L3=True
ODL_PROVIDER_MAPPINGS=br-ex:eth2
```

- 可以在此处指定 OpenDaylight IP 地址、监听的端口、是否启用 L3 转发，以及映射配置，在这种情况下，将 `br_ex` 设置为在 `eth2` 后面。
- 如果 OpenDaylight 与 DevStack（控制节点）在同一主机上运行，则将禁用 L3 转发，因为这两个实体将能够使用 L2 进行良好的通信。但是，如果 OpenDaylight 在 DevStack 设置外，则应在 DevStack 和 OpenDaylight 配置中启用 L3（请参阅有关 OpenDaylight 配置资料）。
- `local.conf` 中的其余配置位主要在 OpenStack 内部；我们通常不会用到。
- 了解有关配置文件的更多信息，请参阅：
  http://docs.openstack.org/developer/devstack/configuration.html#localconf

11．在控制和计算节点上，编辑 `local.conf` 以添加运行 OpenDaylight 的主机的 IP 地址：

```
$ vi /opt/devstack/local.conf
```

12．将 `ODL_MGR_IP` 的值替换为运行 OpenDaylight 的主机的 IP 地址。

13．在 OpenDaylight 中启用 L3 转发：

```
$ vi etc/custom.properties
```

14．取消注释第 83 行，启用此功能：

```
ovsdb.l3.fwd.enabled=yes
```

15．使用 karaf 脚本启动 OpenDaylight karaf 发行版。使用此脚本可以访问 karaf CLI：

```
$ ./bin/karaf
```

16．安装负责拉入所有依赖包的面向用户的功能：

```
opendaylight-user@root>feature:install odl-ovsdb-openstack
```

完成安装需要一分钟左右。

17．重复以下操作。

在每个节点上，执行以下命令：

```
$ cd /opt/devstack
$ ./stack.sh
```

完成后，应该有以下输出：

```
This is your host IP address: 192.168.254.31
This is your host IPv6 address: ::1
Horizon is now available at http://192.168.254.31/dashboard
Keystone is serving at http://192.168.254.31:5000/
The default users are: admin and demo
The password: admin
```

应该使用 192.168.50.31，而不是使用 192.168.254.31 作为水平 IP 地址。原因是 192.168.254.0 子网是一个无法从主机访问的隔离网络，而 192.168.50.0 子网可以从主机访问。

每个节点都运行一个 OvS 实例，并配置了两个网桥：一个集成（br-int）和一个外部网桥（br-ex）。

用于集成的 br-int 适用于连接 VM，而用于外部的 br-ex 将用作通向外部世界的网关。

由于我们已启用 L3 转发。因此，如果尝试将租户 VM 连接到外部子网，OpenDaylight 将自动配置补丁端口将 br-int 与 br-ex 连接。

桥拓扑如下所示：

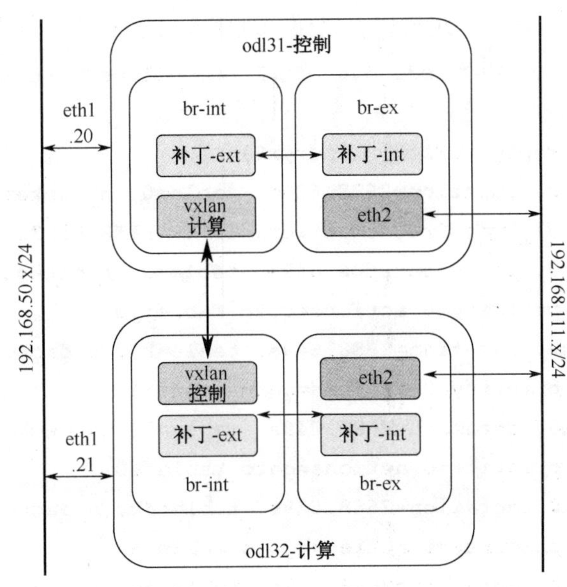

18. 使用以下命令查看拓扑的输出：

```
[odl@odl31 devstack]$ sudo ovs-vsctl show
6b96af57-f05b-4663-9e1d-180c0c788a5b
    Manager "tcp:192.168.1.164:6640"
        is_connected: true
    Bridge br-ex
        Controller "tcp:192.168.1.164:6653"
            is_connected: true
        fail_mode: secure
        Port br-ex
            Interface br-ex
                type: internal
    Bridge br-int
        Controller "tcp:192.168.1.164:6653"
            is_connected: true
        fail_mode: secure
        Port br-int
            Interface br-int
                type: internal
    ovs_version: "2.4.0"
```

19. 每个网桥都设置了一组流程，以便管理服务。以下是每个桥的流量转储：

```
[odl@odl32 stack]$ sudo ovs-ofctl dump-flows br-int -O
OpenFlow13
OFPST_FLOW reply (OF1.3) (xid=0x2):
  cookie=0x0, duration=2688.686s, table=0, n_packets=0,
n_bytes=0, dl_type=0x88cc actions=CONTROLLER:65535
  cookie=0x0, duration=2688.649s, table=0, n_packets=0,
n_bytes=0, priority=0 actions=goto_table:20
  cookie=0x0, duration=2688.649s, table=20, n_packets=0,
n_bytes=0, priority=0 actions=goto_table:30
  cookie=0x0, duration=2688.649s, table=30, n_packets=0,
n_bytes=0, priority=0 actions=goto_table:40
  cookie=0x0, duration=2688.649s, table=40, n_packets=0,
n_bytes=0, priority=0 actions=goto_table:50
  cookie=0x0, duration=2688.649s, table=50, n_packets=0,
```

```
n_bytes=0, priority=0 actions=goto_table:60
  cookie=0x0, duration=2688.649s, table=60, n_packets=0,
n_bytes=0, priority=0 actions=goto_table:70
  cookie=0x0, duration=2688.649s, table=70, n_packets=0,
n_bytes=0, priority=0 actions=goto_table:80
  cookie=0x0, duration=2688.649s, table=80, n_packets=0,
n_bytes=0, priority=0 actions=goto_table:90
  cookie=0x0, duration=2688.649s, table=90, n_packets=0,
n_bytes=0, priority=0 actions=goto_table:100
  cookie=0x0, duration=2688.649s, table=100, n_packets=0,
n_bytes=0, priority=0 actions=goto_table:110
  cookie=0x0, duration=2688.649s, table=110, n_packets=0,
n_bytes=0, priority=0 actions=drop
[odl@odl32 stack]$ sudo ovs-ofctl dump-flows br-ex -O
OpenFlow13
OFPST_FLOW reply (OF1.3) (xid=0x2):
  cookie=0x0, duration=2700.054s, table=0, n_packets=0,
n_bytes=0, dl_type=0x88cc actions=CONTROLLER:65535
  cookie=0x0, duration=2700.054s, table=0, n_packets=0,
n_bytes=0, priority=0 actions=NORMAL
```

20．内部桥接器br-int设置为提供以下流量管道：

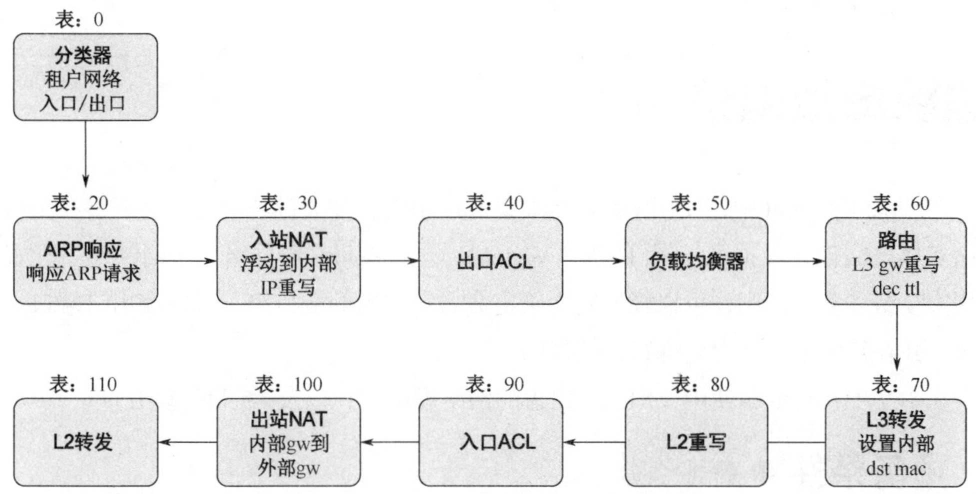

21．仔细观察节点的接口配置，它们共享相同的内部配置，如下所示。

- eth0：VirtualBox NAT 地址，10.0.2.15。可以使用的管理界面，但需要添加 VirtualBox 端口转发才能到达主机。
- eth1：租户流量的内部接口。
- eth2：浮动 IP 的外部接口。
- eth3：VirtualBox 桥接适配器，192.168.50.3 {1,2}。可从主机访问的管理接口。

工作原理

- 当我们使用 OpenDaylight 的外部实例时，必须启用 L3 转发，以便两个实体（OpenStack 控制节点和 OpenDaylight）能够相互通信。此外，我们在 DevStack 配置中设置了外部桥接有界限（eth2）的接口。
- 在堆叠中，控制和计算节点中包含的 OvS 实例将连接到 OpenDaylight。由于 OpenFlowPlugin 和 OpenFlowJava 项目，NetVirt 项目能够在此类事件上注册侦听器，从而通过添加内部桥（br-int）和外部桥来做出反应。仅在启用 L3 转发时才添加后者。
- 为了添加这些网桥，NetVirt 正在使用与 OvS 对话的 OVSDB 南向插件进行通信。
- 最后，在桥内，推送基本流管道，以便它们知道如何响应，以及根据匹配操作跟踪数据包的位置。

边缘虚拟网络

在 OpenDaylight 中，使用 OpenStack 集成启用的各种关键功能之一是能够在主机和网络实体之间创建虚拟可扩展 LAN（VXLAN），这要归功于网络、子网和端口配置。使用安全组和安全规则，可以轻松定义给定命名空间内的端口组（入口和出口端口）的规范，并在组内定义规定允许行为的规则。

在本文中，将演示使用 VXLAN 覆盖的网络虚拟化，以及 L3 和浮动 IP。

预备条件

此小节至少需要两个 OpenStack 节点，一个控制节点和一个计算节点（可以拥有多个计算节点），以及 OpenDaylight 发行版。为方便起见，已经设置了一个使用 VirtualBox 的 OVA 镜像，以提供轻松实现部署所需的一切。它包含 OpenStack Liberty 和 OpenDaylight Beryllium。可以从以下地址下载此镜像：

https://drive.google.com/file/d/0B8ihDx8wnbwjMU5nUmttUFRJOEU

OVA 映像提供三个节点：

- OpenStack 控制和计算 - devstack - OvS - CentOS7；
- OpenStack 计算 - devstack - OvS - CentOS7；
- 外部访问路由器 - CentOS6.5。

操作原理

执行以下步骤。

1．我们之前已经建立了基本环境，使 OpenStack 能够与 OpenDaylight 集成。现在是时候使用该环境来创建 VXLAN 了。

2．使用上一小节中完成的设置。如果您还没有完成此设定，请参照上一部分内容完成设定。

3．建立 Neutron 环境。

准备好环境并堆叠后，从控制节点开始使用 Neutron：

```
$ source openrc admin admin
```

4．设置具有 64 MB 内存、无磁盘空间和一个 VCPU 的 nano flavor。flavor 是服务器中定义的硬件配置：

```
$ nova flavor-create m1.nano auto 64 0 1
```

5．以下脚本可用于执行相同的操作：

```
/opt/tools/os_addnano.sh
```

6．创建管理密钥对：

```
$ nova keypair-add --pub-key ~/.ssh/id_rsa.pub admin_key
```

7．以下脚本可用于执行相同的操作：

```
/opt/tools/os_addadminkey.sh
```

8．创建使用以下分配池[192.168.56.9 - 192.168.56.14]，网关 192.168.56.1 和网络 192.168.56.0/24 定义的外部扁平网络和子网：

```
$ neutron net-create ext-net --router:external --
provider:physical_network public --provider:network_type flat
```

```
$ neutron subnet-create --name ext-subnet --allocation-pool
start=192.168.56.9,end=192.168.56.14 --disable-dhcp -gateway
192.168.56.1 ext-net 192.168.56.0/24
```

9. 创建外部路由器，并添加先前创建的外部网络作为其网关：

```
$ neutron router-create ext-rtr
$ neutron router-gateway-set ext-rtr ext-net
```

10. 创建 VXLAN 网络和子网：

```
$ neutron net-create vx-net --provider:network_type vxlan --
provider:segmentation_id 1500
$ neutron subnet-create vx-net 10.100.5.0/24 --name vx-subnet -
-dns-nameserver 8.8.8.8
```

11. 将 VXLAN 子网添加为在步骤 5 中创建的路由器的接口：

```
$ neutron router-interface-add ext-rtr vx-subnet
```

12. 以下脚本可用于执行操作 5、6 和 7：

```
/opt/tools/os_addextnetrtr.sh
```

13. 创建两个 VM，并将它们附加到 VXLAN：

```
$ nova boot --poll --flavor m1.nano --image $(nova image-list |
grep 'uec\s' | awk '{print $2}' | tail -1) --nic netid=$(
neutron net-list | grep -w vx-net | awk '{print $2}')
vmvx1 --availability_zone=nova:odl31 --key_name admin_key
$ nova boot --poll --flavor m1.nano --image $(nova image-list |
grep 'uec\s' | awk '{print $2}' | tail -1) --nic netid=$(
neutron net-list | grep -w vx-net | awk '{print $2}')
vmvx2 --availability_zone=nova:odl32 --key_name admin_key
$ nova get-vnc-console vmvx1 novnc
$ nova get-vnc-console vmvx2 novnc
```

14. 以下脚本可用于执行相同的操作：

```
/opt/tools/os_addvms.sh
```

15. 为每个 VM 创建浮动 IP，以便可以通过外部网络访问它们：

```
for vm in vmvx1 vmvx2; do
    vm_id=$(nova list | grep $vm | awk '{print $2}')
    port_id=$(neutron port-list -c id -c fixed_ips -- --
device_id $vm_id | grep subnet_id | awk '{print $2}')
    neutron floatingip-create --port_id $port_id ext-net
```

```
done;
```

16．以下脚本可用于执行相同的操作：

```
/opt/tools/os_addfloatingips.sh
```

17．还可以使用以下脚本运行命令：

```
/opt/tools/os_ doitall.sh
```

18．运行命令后，控制台上的全局输出如下：

https://github.com/jgoodyear/OpenDaylightCookbook/blob/master/chapter5/chapter5-recipe4/src/main/resources/console-output.txt

19．使用 Web UI 界面查看创建的拓扑。为此，请在 karaf 中安装以下功能：

```
opendaylight-user@root>feature:install odl-ovsdb-ui
```

20．导航到以下 URL。确保将${CONTROLLER_IP}更改为运行 OpenDaylight 的主机的 IP 地址：

http://${CONTROLLER_IP}:8181/index.html#/ovsdb/index

21．用户名是 admin，密码是 admin。

22．你将能够看到以下视图。通过单击视图的任何组件，获得有关它的信息。

在以下视图中，可以看到创建的外部 VXLAN 网络，以及 VXLAN 网络中包含的两个 VM：

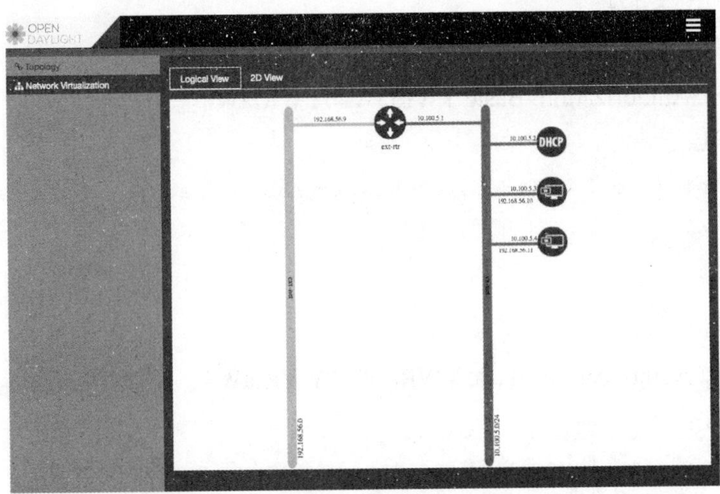

23．还可以使用 OpenStack UI 查看类似的拓扑。只需浏览以下地址：

http://192.168.50.31/dashboard/project/network_topology/

用户名是 admin，密码是 admin。

24. 查看 OpenDaylight 数据存储区中的数据。

（1）OVSDB 操作数据存储区：

- 类型：POST
- 头部信息：

  Authorization: Basic YWRtaW46YWRtaW4=

- URL：

  http://localhost:8080/restconf/operational/network-topology:network-topology/

（2）Neutron 数据存储区（与 OpenStack 同步）：

- 网络：
  - 类型：POST
  - 头部信息：

    Authorization: Basic YWRtaW46YWRtaW4=

  - URL：

    http://localhost:8080/controller/nb/v2/neutron/networks/

- 子网：
  - 类型：POST
  - 头部信息：

    Authorization: Basic YWRtaW46YWRtaW4=

  - URL：

    http://localhost:8080/controller/nb/v2/neutron/subnets/

- 端口：
  - 类型：POST
  - 头部信息：

    Authorization: Basic YWRtaW46YWRtaW4=

  - URL：

    http://localhost:8080/controller/nb/v2/neutron/ports/

- 安全组：
  - 类型：POST
  - 头部信息：

Authorization: Basic YWRtaW46YWRtaW4=

- URL:

  http://localhost:8080/controller/nb/v2/neutron/security-groups/

- 安全规则。
  - 类型：POST
  - 头部信息：

    Authorization: Basic YWRtaW46YWRtaW4=

  - URL:

    http://localhost:8080/controller/nb/v2/neutron/security-group-rules/

25. 查看控件和计算的 OvS 拓扑。可以看到 VXLAN 隧道已经建立。

26. 控制节点如下所示：

https://github.com/jgoodyear/OpenDaylightCookbook/blob/master/chapter5/chapter5-recipe4/src/main/resources/control-node-topo.txt

27. 计算节点如下所示：

https://github.com/jgoodyear/OpenDaylightCookbook/blob/master/chapter5/chapter5-recipe4/src/main/resources/compute-node-topo.txt

工作原理

部署涉及 OpenStack 和 OpenDaylight，并且在这些部署中，网络 odl 和 NeutronNorthbound 分别进行布线。因此，NetVirt 是 Neutron 事件的消费者。

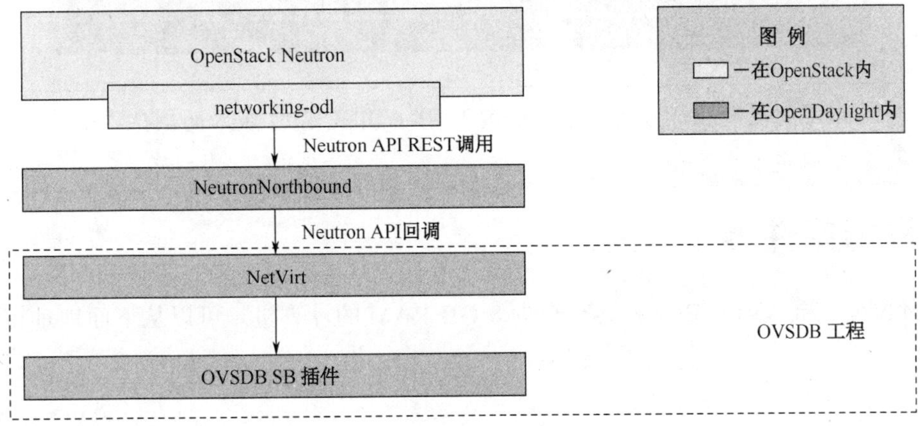

服务功能链

端到端服务通常需要各种服务功能：网络服务（如负载均衡或防火墙）及特定于应用程序的服务。为了提供生成动态服务功能链的能力，减少与网络拓扑和物理资源的耦合，创建了OpenDaylight的SFC项目。

利用VM和容器网络，可以根据需要高效地创建网络服务，使服务链完全模块化和动态化。

在本文中，将使用其存储库中提供的sfc103来演示SFC项目的功能：

https://github.com/opendaylight/sfc/tree/release/beryllium-sr2/sfc-demo/sfc103.

全局网络拓扑如下：

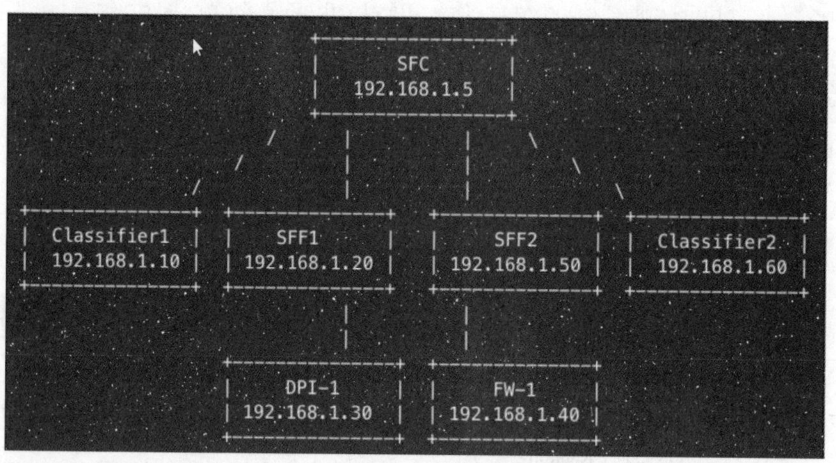

以下配置过程已经过OpenDaylight Beryllium SR2版本的测试。但不保证在不同版本中是相同的。

预备条件

此配置需要VirtualBox和具有至少8 GB RAM的计算机。可以从下面地址得到可信源：

https://cloud-images.ubuntu.com/vagrant/trusty/current/trusty-server-cloudimg-amd64-vagrant-disk1.box

操作指南

执行以下步骤。

1．下载必须软件，并且准备好执行环境。创建 VM，并创建服务功能链。

2．克隆 SFC 存储库，并检出分支 stable/beryllium，tag release/beryllium-sr2：

```
$ git clone https://git.opendaylight.org/gerrit/sfc
$ cd sfc
$ git checkout tabs/release/beryllium-sr2
```

3．执行 demo.sh 脚本（自动执行；手动执行需要跳过此步骤）：

```
$ cd sfc-demo/sfc103/
$ ./demo.sh
```

4．从现在开始直到完全设置好，可能需要 5 到 10 分钟。

5．从环境设置开始，我们一共需要创建 7 个虚拟机。

6．创建 OpenDaylight VM。

- 资源：4 个 CPU 和 4 GB RAM。
- 专用 IP：192.168.1.5。
- 设置并运行 SFC 项目：

```
$ wget
https://raw.githubusercontent.com/jgoodyear/OpenDaylightCookboo
k/master/chapter5/chapter5-
recipe5/src/main/resources/setup_odl.sh
$ ./setup_odl.sh
```

7．创建分类器 1 VM：

- 资源：1 个 CPU 和 1 GB RAM（默认情况下，无须指定）。
- 专用 IP：192.168.1.10。
- 安装先决条件：

```
$ wget
https://raw.githubusercontent.com/jgoodyear/OpenDaylightCookbook/ma
ster/chapter5/chapter5-recipe5/src/main/resources/setup_prerequisites.sh
$ ./setup_prerequisites.sh
```

安装 Open vSwitch 补丁 nsh-aware：

```
$ rmmod openvswitch
```

```
$ find /lib/modules | grep openvswitch.ko | xargs rm -rf
$ curl
https://raw.githubusercontent.com/priteshk/ovs/nsh-v8/third-party/start-ovs-deb.sh | bash
```

将 OpenDaylight 设置为 OvS 管理器，并创建一个初始桥 br-sfc：

```
$ sudo ovs-vsctl set-manager tcp: 192.168.1.5: 6640
$ sudo ovs-vsctl add-br br-sfc
```

8．创建并配置内部网络命名空间。

- 创建一个名为 app 的新网络命名空间：

```
$ ip netns add app
```

- 通过创建虚拟网络为网络命名空间分配接口对 veth-app：

```
$ ip link add veth-app type veth peer name veth-br
```

使用 ip link 命令列表，应该看到一对虚拟以太网命名空间。现在，它们属于默认网络或全球网络命名空间。为了将全局命名空间连接到 app 命名空间，执行以下操作：

```
$ ip link set veth-app netns app
```

- 在 br-sfc 中创建名为 veth-br 的端口：

```
$ sudo ovs-vsctl add-port br-sfc veth-br
```

- 将 port veth-br 设置为 up：

```
$ ip link set dev veth-br up
```

- 通过分配 IP，使用以下命令配置应用程序命名空间地址和 veth-app 界面，并进行设置：

```
$ ip netns exec app ifconfig veth-app 192.168.2.1/24 up
```

- 将 mac 地址分配给 veth-app 接口的链接层：

```
$ ip netns exec app ip link set dev veth-app addr 00: 00: 11: 11: 11: 11
```

- 为 veth-app 创建 ARP 地址映射条目：

```
$ ip netns exec app arp -s 192.168.2.2 00:00:22:22:22:22 -iveth-app
```

- 引入 veth-app 和 lo 接口：

```
$ ip netns exec app ip link set dev veth-app up
$ ip netns exec app ip link set dev lo up
```

- 设置 veth-app 界面的最大传输单位（MTU）：

```
$ ip netns exec app ifconfig veth-app mtu 1400
```

9. 创建分类器 2 VM（与步骤 4 类似）。

- 专用 IP：192.168.1.10。
- 在执行以下步骤时修改值。

（1）使用 IP 地址 192.168.2.2/24。

（2）使用 mac 地址 00：00：22：22：22：22。

（3）使用此命令创建 ARP 映射：

```
$ ip netns exec app arp -s 192.168.2.1 00:00:11:11:11:11-iveth-app
```

- 设置一个简单的 HTTP 服务器，并将其绑定在端口 80：

```
$ ip netns exec app python -m SimpleHTTPServer 80
```

10. 完成上述步骤后，将拥有以下架构：

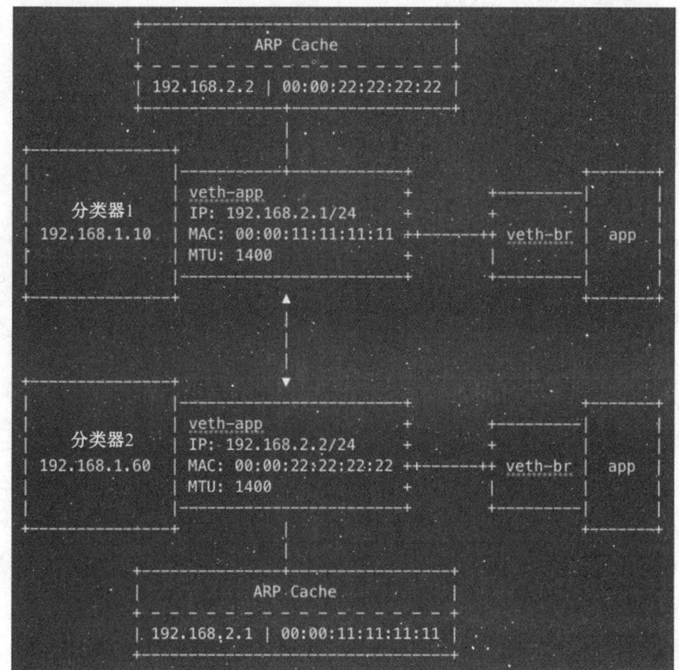

11. 创建服务功能转发器 VM1。

- 资源：1 个 CPU 和 1 GB RAM（默认情况下，无须指定）。
- 专用 IP：192.168.1.20。
- 安装先决条件：

```
$ wget
```

```
https://raw.githubusercontent.com/jgoodyear/OpenDaylightCookbook/master/chapter5/chapter5-recipe5/src/main/resources/setup_prerequisites.sh
$ ./setup_prerequisites.sh
```

- 为 nhs-aware 安装 Open vSwitch 补丁。

```
$ rmmod openvswitch
$ find /lib/modules | grep openvswitch.ko | xargs rm -rf
$ curl
https://raw.githubusercontent.com/priteshk/ovs/nsh-v8/third-party/start-ovs-deb.sh | bash
```

- 将 OpenDaylight 设置为 OvS 管理器，并创建一个初始桥 br-sfc：

```
$ sudo ovs-vsctl set-manager tcp: 192.168.1.5: 6640
```

12. 创建服务功能转发器 VM2。

- 资源：1CPU 和 1 GB RAM（默认情况下，无需指定）。
- 专用 IP：192.168.1.50。
- 安装先决条件：

```
$ wget
https://raw.githubusercontent.com/jgoodyear/OpenDaylightCookbook/master/chapter5/chapter5-recipe5/src/main/resources/setup_prerequisites.sh
$ ./setup_prerequisites.sh
```

- 为 nsh-aware 安装 Open vSwitch 补丁：

```
$ rmmod openvswitch
$ find /lib/modules | grep openvswitch.ko | xargs rm -rf
$ curl
https://raw.githubusercontent.com/priteshk/ovs/nsh-v8/third-party/start-ovs-deb.sh | bash
```

- 将 OpenDaylight 设置为 OvS 管理器，并创建一个初始桥 br-sfc：

```
$ sudo ovs-vsctl set-manager tcp:192.168.1.5:6640
```

13. 创建服务功能 VM1 和 VM2。一个是深度检测包（DPI），另一个是防火墙。

14. 对两个 VM 重复以下操作。

- 资源：1 个 CPU 和 1 GB RAM（默认情况下，无须指定）。
- VM1 专用 IP：192.168.1.30。
- VM2 专用 IP：192.168.1.40。
- 安装先决条件：

```
$ wget
https://raw.githubusercontent.com/jgoodyear/OpenDaylightCookboo
k/master/chapter5/chapter5-
recipe5/src/main/resources/setup_sf.sh
$ ./setup_sf.sh
```

15．此时，可以执行所有 VM 配置的验证，确保没有遗漏任何内容。为此，请打开 VirtualBox，并确保 VM 正在运行，根据需要进行配置。

16．现在已经创建和部署了所有拓扑，让我们使用以下九个请求配置 OpenDaylight。

17．对于以下任何 `PUT` 请求，为了验证配置是否由 OpenDaylight 控制器正确处理，可以再次发送请求，但使用不带有效负载的 `GET` 操作。该请求应返回您推送的配置信息。

18．要验证是否已应用配置，可以将 GET 请求发送到同一 URL，但将数据存储类型从配置更改为可操作。注意：使用 `HTTP：//$ {CONTROLLER_IP}：8181/restconf/operational/...`，而不是使用 `http：//$ {CONTROLLER_IP}：8181/restconf/config/...`。

19．为之前创建的 6 个节点创建服务节点，第 7 个节点是 OpenDaylight 控制器本身。

- 类型：`PUT`
- 头部信息：

  Authorization: Basic YWRtaW46YWRtaW4=
- URL：

  `http://192.168.1.5:8181/restconf/config/service-node:service-nodes`
- 内容：

```
{
    "service-nodes":{
        "service-node":[
            {
                "name":"node0",
                "service-function":[
                ],
                "ip-mgmt-address":"192.168.1.10"
            },
```

```
                {
                    "name":"node1",
                    "service-function":[
                ],
                "ip-mgmt-address":"192.168.1.20"
            },
            {
                "name":"node2",
                "service-function":[
                    "dpi-1"
                ],
                "ip-mgmt-address":"192.168.1.30"
            },
            {
                "name":"node3",
                "service-function":[
                    "firewall-1"
                ],
                "ip-mgmt-address":"192.168.1.40"
            },
            {
                "name":"node4",
                "service-function":[
            ],
            "ip-mgmt-address":"192.168.1.50"
        },
        {
            "name":"node5",
            "service-function":[
            ],
            "ip-mgmt-address":"192.168.1.60"
          }
        ]
      }
    }
```

20. 创建两个服务功能（DPI和防火墙）。

- 类型：PUT
- 头部信息：

  Authorization: Basic YWRtaW46YWRtaW4=
- URL：

  http://192.168.1.5:8181/restconf/config/service-function:service-functions
- 内容：


```
{
    "service-functions":{
        "service-function":[
            {
                "name":"dpi-1",
                "ip-mgmt-address":"192.168.1.30",
                "rest-uri":"http://192.168.1.30:5000",
                "type":"dpi",
                "nsh-aware":"true",
                "sf-data-plane-locator":[
                    {
                        "name":"sf1-dpl",
                        "port":6633,
                        "ip":"192.168.1.30",
                        "transport":"service-locator:vxlan-gpe",
                        "service-function-forwarder":"SFF1"
                    }
                ]
            },
            {
                "name":"firewall-1",
                "ip-mgmt-address":"192.168.1.40",
                "rest-uri":"http://192.168.1.40:5000",
                "type":"firewall",
                "nsh-aware":"true",
                "sf-data-plane-locator":[
```

```
                    {
                        "name":"sf2-dpl",
                        "port":6633,
                        "ip":"192.168.1.40",
                        "transport":"service-locator:vxlan-gpe",
                        "service-function-forwarder":"SFF2"
                    }
                ]
            }
        ]
    }
}
```

21. 创建服务功能转发器。

- 类型：PUT
- 头部信息：

  Authorization: Basic YWRtaW46YWRtaW4=

- URL：

  http://192.168.1.5:8181/restconf/config/service-function-forwarder:service-function-forwarders

- 内容：

  https://raw.githubusercontent.com/jgoodyear/OpenDaylightCookbook/master/chapter5/chapter5-recipe5/src/main/resources/sff.json

22. 创建服务功能链。

- 类型：PUT
- 头部信息：

  Authorization: Basic YWRtaW46YWRtaW4=

- URL：

  http://192.168.1.5:8181/restconf/config/service-function-chain:service-function-chains/

- 内容：

```
{
    "service-function-chains":{
        "service-function-chain":[
        {
```

```
                "name":"SFC1",
                "symmetric":"true",
                "sfc-service-function":[
                    {
                        "name":"dpi-abstract1",
                        "type":"dpi"
                    },
                    {
                        "name":"firewall-abstract1",
                        "type":"firewall"
                    }
                ]
            }
        ]
    }
}
```


23．创建服务功能元数据。

- 类型：PUT
- 头部信息：

  Authorization: Basic YWRtaW46YWRtaW4=
- 网址：

  http://192.168.1.5:8181/restconf/config/service-function-path-metadata:service-function-metadata/
- 内容：


```
{
    "service-function-metadata":{
        "context-metadata":[
            {
                "name":"NSH1",
                "context-header1":"1",
                "context-header2":"2",
                "context-header3":"3",
                "context-header4":"4"
            }
```

```
        ]
}
```

24. 创建服务功能路径。

- 类型：PUT
- 头部信息：

  Authorization: Basic YWRtaW46YWRtaW4=

- 网址：

  http://192.168.1.5:8181/restconf/config/service-function-path:service-function-paths/

- 内容：

```
{
    "service-function-paths":{
        "service-function-path":[
            {
                "name":"SFP1",
                "service-chain-name":"SFC1",
                "classifier":"Classifier1",
                "symmetric-classifier":"Classifier2",
                "context-metadata":"NSH1",
                "symmetric":"true"
            }
        ]
    }
}
```

25. 创建服务功能访问控制列表（ACL）。

- 类型：PUT
- 头部信息：

  Authorization: Basic YWRtaW46YWRtaW4=

- URL：

  http://192.168.1.5:8181/restconf/config/ietf-access-control-list:access-lists/

- 内容：

  https://raw.githubusercontent.com/jgoodyear/OpenDaylightCookbook/ma

ster/chapter5/chapter5-recipe5/src/main/resources/acl.json

26. 创建渲染的服务路径。

● 类型：POST

● 头部信息：

Authorization: Basic YWRtaW46YWRtaW4=

● 网址：

http://192.168.1.5:8181/restconf/operations/rendered-service-path:create-rendered-path/

● 内容：

```
{
    "input": {
        "name": "RSP1",
        "parent-service-function-path": "SFP1",
        "symmetric": "true"
    }
}
```

27. 创建服务功能分类器。

● 类型：PUT

● 头部信息：

Authorization: Basic YWRtaW46YWRtaW4=

● URL：

http://192.168.1.5:8181/restconf/config/service-function-classifier:service-function-classifiers/

● 内容：

```
{
    "service-function-classifiers": {
        "service-function-classifier": [
            {
                "name": "Classifier1",
                "scl-service-function-forwarder": [
                {
                    "name": "SFF0",
```

```
                    "interface": "veth-br"
                }
            ],
            "access-list": "ACL1"
        },
        {
            "name": "Classifier2",
            "scl-service-function-forwarder": [
                {
                    "name": "SFF3",
                    "interface": "veth-br"
                }
            ],
            "access-list": "ACL2"
        }
        ]
    }
}
```

28. 使用 DLUX SFC UI 应用程序，可以预览刚刚创建的整个服务功能链。

29. 要查看服务链，请导航至以下 URL。

http://192.168.1.5:8181/index.html#/sfc/servicechain

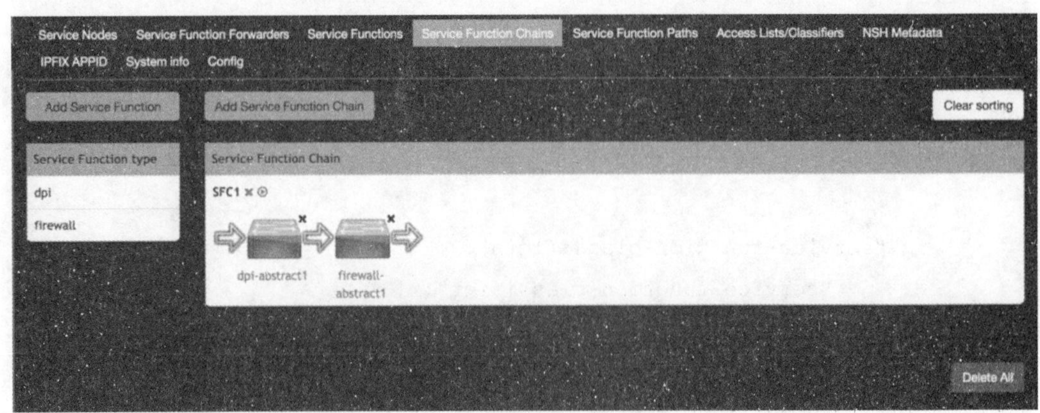

30. 要查看服务链，可以导航至以下 URL。

http://192.168.1.5:8181/index.html#/sfc/servicenode

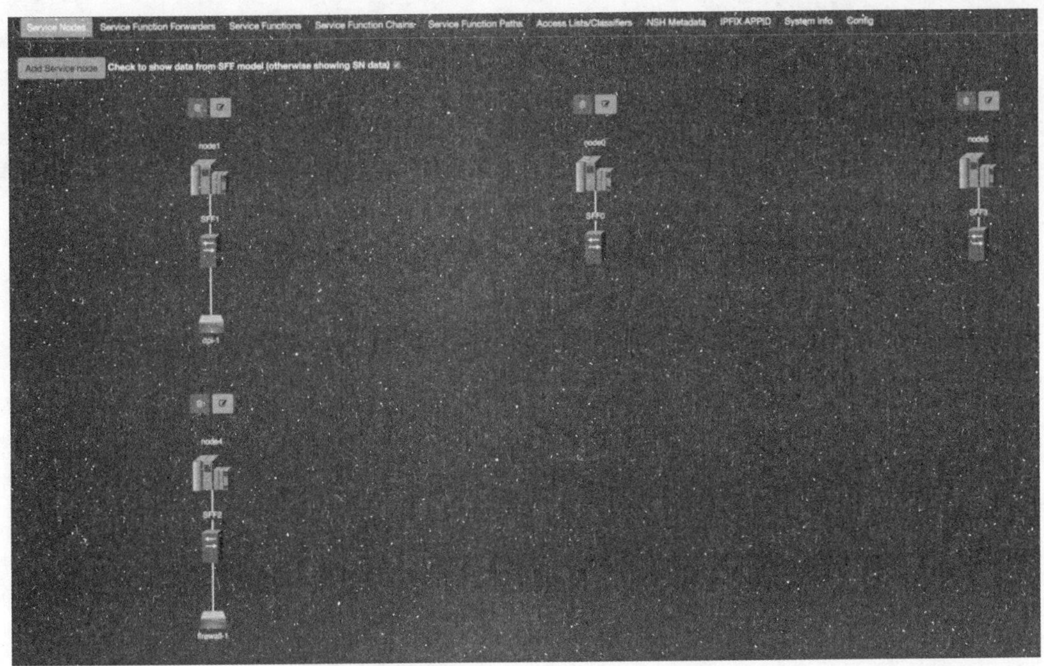

31．选项卡可用于查看其他信息，例如，ACL 和 NSH 元数据。

32．验证部署和环境。

- 在分类器和服务功能转发器 VM 中，查看流程：

```
$ sudo ovs-ofctl dump-flows -Openflow13 br-sfc
```

- 从分类器 1，在创建的应用程序网络命名空间内向分类器 2 发送 `wget` 查询。设置时，在分类器 2 中启动的简单的 HTTP 服务器将响应请求，从而创建服务功能链中流动的流量。
- 使用 Wireshark 观察数据包。

33．删除部署：

```
$ vagrant destroy -f
```

工作原理

首先，必须使用 VirtualBox 和一些 Linux 网络命令创建环境，以便设置分类器。完成后，在 OpenDaylight 数据存储中配置服务节点、函数、函数转发器、链、元数据、路径、ACL、分类器和渲染器服务路径。为此，使用了 OpenDaylight 的 SFC YANG 模型提供的 REST API。详细资料可以参阅：

https://github.com/opendaylight/sfc/tree/release/beryllium-sr2/sfc-model/src/main/yang。

关于分类器和服务功能中使用的 Open vSwitch 实例转发器，它已被修改为启用网络服务标头（NSH），以便能够以 OpenFlow 规则封装和解封装 VXLAN 隧道。

虚拟核心和聚合

本章将涵盖以下内容：

- 配置和检索 BGP 信息；
- 使用 BGP-LS 管理和可视化拓扑；
- 从网络添加和删除 BGP 路由；
- 配置和检索 PCEP 信息；
- 使用 PCEP 管理 LSP 隧道；
- 使用 PCEP 进行网络编程；
- 使用 Java 获取 BGP 和 PCEP 统计信息；
- 启用安全 BGP 和 PCEP 连接的 TCP MD5 身份验证；
- 使用 OpenConfig 实现 BGP 组件配置；
- 实现 BGP 和 PCEP 协议的新扩展。

内容概要

OpenDaylight 中的 BGP-PCEP 项目实现了两个南向插件：边界网关协议（BGP）链路状态管理第 3 层拓扑信息，路径计算元素协议（PCEP）作为将路径实例化到底层网络的一种方式。这两种协议都提供可扩展功能来添加新行为。

BGP 是使互联网工作的路由协议。参照 RFC，BGP 的主要功能是与其他 BGP 系统交换网络可达性信息。

PCEP 是 IETF 定义的基于 TCP 的协议，它能够将路径计算功能从诸如路由器的网络元件移除，称为路径计算引擎（PCE）的外部实体。PCE 能够计算给定网络的网络路径或路由。使用 PCEP 协议，路径计算客户端（PCC）可以请求 PCE 进行路径计算。PCEP 协议设计用于 PCC 和 PCE 之间的通信。使用 PCEP，路径计算可以集中在 OpenDaylight 控制器上，从而有利于 SDN。

本章将主要关注使用 OpenDaylight SDN 控制器的 BGP 和 PCEP 的基本用例。

配置和检索 BGP 信息

本节内容将引导您完成 OpenDaylight 控制器 XML 文件的手动配置，并使用 PCEP 与路由器连接。需要配置路由器和 OpenDaylight。建立连接后，控制器可以从路由器接收路由信息，路由信息可以使用 RESTCONF 进行检索。

预备条件

学习本节内容，需要路由器和集成 BGP-PCEP 的 OpenDaylight 控制器。你也可以使用 Quagga 路由器。要使用 BGP-PCEP，可以手动或使用 RESTCONF 配置 OpenDaylight 控制器。

操作指南

按照给出的说明使用 OpenDaylight 的 BGP XML 配置文件配置 BGP。

1. 使用 `karaf` 脚本启动 OpenDaylight 发行版。使用此客户端可以访问 Karaf CLI：

```
$ ./bin/karaf
________ ________ .__ .__ .__ __
\_____ \ _____ ____ ____ \______ \ _____ ___.__.| | |__| ____
| |___/ |_
/ | \\____ \_/ __ \ / \ | | \\__ \< | || | | |/ ___\| | \ __\
/ | \ |_>> ___/| | \| ` \/ __ \\___ || |_| / /_/ > Y \ |
\_______ / __/ \___ >___| /_______ (____ / ____||____/__\___
/|___| /__|
\/|__| \/ \/ \/ \/\/ /_____/ \/
Hit '<tab>' for a list of available commands
and '[cmd] --help' for help on a specific command.
Hit '<ctrl-d>' or type 'system:shutdown' or 'logout' to shut
```

```
down OpenDaylight.
opendaylight-user@root>
```

2．安装面向用户的功能，负责安装使用 BGP-LS 连接到路由器所需的所有依赖包：

```
opendaylight-user@root>feature:install odl-bgpcep-bgp-all odlbgpcep-
pcep-all odl-restconf-all odl-netconf-all
```

可能需要几分钟才能完成安装。为确保安装顺利，请使用以下命令检查日志，该命令将列出已安装的 BGP 功能：

```
opendaylight-user@root>feature:list -i | grep bgp
```

使用以下命令可以访问 Karaf 日志，检查是否有错误：

```
opendaylight-user@root>log:tail
```

3．由 OpenDaylight 发起 BGP 连接配置。

OpenDaylight Karaf 版本附带预先配置的基准 BGP 设置。XML 配置文件可以存到 `karaf` 根文件夹 `etc/opendaylight/karaf`。对于 BGP 配置，有两个感兴趣的文件：`31-bgp.xml` 和 `41-bgp-example.xml`。

更新 `41-bgp-example.xml` 的指定部分，以便与对等 IP 地址（即路由器）建立 BGP-LS 连接。

- BGP 对等配置：XML 文件配置为默认主机 IP `192.0.2.1`。使用 OpenDaylight 应连接的 BGP 发言者的 IP 地址更新以下内容。在这个例子中，使用 `192.168.1.119` 作为 BGP 对等体或路由器的 IP 地址。

```
<module>
<type
xmlns:prefix="urn:opendaylight:params:xml:ns:yang:controller:bg
p:rib:impl">prefix:bgp-peer</type>
<name>example-bgp-peer</name>
<host>192.168.1.119</host>
<holdtimer>180</holdtimer>
```

可以通过添加具有不同实例名称和 IP 地址的新模块来配置更多的 BGP 对等体：

```
<module>
<type
xmlns:prefix="urn:opendaylight:params:xml:ns:yang:controller:bg
p:rib:impl">prefix:bgp-peer</type>
<name>example-bgp-peer-2</name>
<host>(IP address of BGP speaker #2)</host>
```

```
<holdtimer>180</holdtimer>
```

<name>标记引用唯一的 BGP 对等名称。

- RIB 配置：更新 XML 文件，在以下部分设置 BGP 打开消息字段：

```
<module>
<type
xmlns:prefix="urn:opendaylight:params:xml:ns:yang:controller:bg
p:rib:impl">prefix:rib-impl</type>
<name>example-bgp-rib</name>
<rib-id>example-bgp-rib</rib-id>
<local-as>65504</local-as>
<bgp-rib-id>192.168.1.102</bgp-rib-id>
```

local-as 字段指部署 OpenDaylight 控制器的本地自治系统编号，其值应与路由器的 BGP AS 配置相同。

把 bgp-rib-id 设置为默认 IP 地址 192.0.2.2，必须更新使用的 OpenDaylight 控制器实例的管理 IP 地址。在例子中，设置为 192.168.1.102。

- 使用适当的命令在路由器上验证其 BGP 对等体配置是否正确，以匹配上述指令中的值。
- 注意，基准 BGP 对等配置在 XML 文件中被注释了，以防止客户端以默认配置启动。一旦进行了所需的配置设置，需要取消包含 BGP 对等设置的模块注释。在本例中，指的是 example-bgp-peer 模块。

此外，定时器可以配置为所需的值。例如，要更新 BGP 客户端和重新连接尝试之间的时间间隔（以秒为单位），需要在 BGP 对等模块中设置重试计时器字段。

在 Karaf 日志中启用 TRACE 模式用于调试。为此，编辑 etc/org.ops4j.pax.logging.cfg 文件将以下行添加到文件末尾。

```
log4j.logger.org.opendaylight.bgpcep = TRACE
log4j.logger.org.opendaylight.protocol = TRACE
```

一旦对这些文件进行了更改，需要重新启动 karaf 使新配置生效，并重新安装前面提到的功能。在 karaf 控制台上键入 log:tail；应该能够看到以下 TRACE 日志，以确认设置是否成功：

```
2016-06-12 13:25:09,503 | TRACE | oupCloseable-2-1 |
BGPSessionImpl | 185 - org.opendaylight.bgpcep.bgp-rib-impl
- 0.5.2.Beryllium-SR2 | Message Keepalive [augmentation=[]]
```

```
sent to socket [id: 0x47daf78a, /192.168.1.102:51336 =>
/192.168.1.119:179]
```

需要注意的是，根据 BGP RFC 规范，在前面的日志中，默认的 BGP 绑定端口是 179。也可以通过/data/log/karaf.log 中的 Karaf 根文件夹访问 karaf 日志。

4. 可以通过 RESTCONF 在以下 URL 中查阅 BGP 数据。要检索网络拓扑信息，请使用以下 GET 请求。

URL：

http://<ODL_IP>:8181/restconf/operational/network-topology:network-topology/

方法：GET

在 GitHub 链接中可以找到 JSON 回应示例：

https://github.com/jgoodyear/OpenDaylightCookbook/blob/master/chapter6/chapter6-recipe1/samples/network_topology.txt

要检索 BGP 路由信息库（RIB）数据，请使用以下 GET 请求。

URL：

http://<ODL_IP>:8181/restconf/operational/bgp-rib:bgp-rib/rib/example-bgp-rib/

方法：GET

GET 操作的示例 JSON 响应可以在 GitHub 上找到：

https://github.com/jgoodyear/OpenDaylightCookbook/blob/master/chapter6/chapter6-recipe1/samples/rib_data.txt

可以进一步详细查阅 BGP RIB 数据，如下所述。

- 为了检索 IPv4 路由信息，可以在 URL 处使用 GET 请求：

http://<ODL_IP>:8181/restconf/operational/bgp-rib:bgp-rib/rib/example-bgp-rib/loc-rib/tables/bgp-types:ipv4-addressfamily/bgp-types:unicast-subsequent-address-family/ipv4-routes

- 对于 IPv6 路由信息：在 URL 处使用 GET 请求。

http://<ODL_IP>:8181/restconf/operational/bgp-rib:bgp-rib/rib/example-bgp-rib/loc-rib/tables/bgp-types:ipv6-addressfamily/bgp-types:unicast-subsequent-address-family/ipv6-routes

- 为了检索 IPv4 流量说明（flowspec）信息，请在 URL 处使用 GET 请求。

http://<ODL_IP>:8181/restconf/operational/bgp-rib:bgp-rib/rib/example-bgp-rib/loc-rib/tables/bgp-types:ipv4-addressfamily/bgp-flowspec:flowspec-subsequent-address-family/bgpflowspec:flowspec-routes

- 关于 IPv6 流量说明（flowspec）信息：在 URL 处使用 GET 请求。

http://<ODL_IP>:8181/restconf/operational/bgp-rib:bgp-rib/rib/example-bgp-rib/loc-rib/tables/bgp-types:ipv6-addressfamily/bgp-flowspec:flowspec-subsequent-address-family/bgpflowspec:flowspec-ipv6-routes

- 检索 IPv4 BGP 标记的单播路由：在 URL 处使用 GET 请求。

http://localhost:8181/restconf/operational/bgp-rib:bgp-rib/rib/example-bgp-rib/loc-rib/tables/bgp-types:ipv4-addressfamily/bgp-labeled-unicast:labeled-unicast-subsequent-addressfamily/bgp-labeled-unicast:labeled-unicast-routes

- 检索 BGP Linkstate：在 URL 处使用 GET 请求。

http://localhost:8181/restconf/operational/bgp-rib:bgp-rib/rib/example-bgp-rib/loc-rib/tables/bgp-linkstate:linkstate-addressfamily/bgp-linkstate:linkstate-subsequent-addressfamily/linkstate-routes

工作原理

通过安装 odl-bgpcep-bgp-all，启用 BGP 引入所需的依赖包。主要的依赖关系如下。

- BGP 项目定义了用于建模 BGP 的 YANG 模型。它依赖于 OpenDaylight 的“yangtools”项目，从 YANG 模型生成 Java API。OpenDaylight“控制器”模型驱动服务抽象层（MD-SAL）用于存储和管理 BGP 信息。
- 需要安装 odl-restconf-all 功能才能访问由 BGP 项目公开的 RESTful API。
- BGP 项目的协议框架使用 netty 库。
- 关于 BGP-PCEP 配置，与 OpenDaylight 的“config-subsystem”也存在依赖关系。
- 由于 BGP 和 PCEP 支持 MD5 认证，因此，其对 tcpmd5 项目有依赖性。

一旦安装了这些功能，就会创建基准 XML 配置文件。BGP 连接可以通过配置 BGP 路由器和 OpenDaylight XML 文件来设置。

OpenDaylight 中的 BGP 提供了 BGP 和 RIB 设置的两个主要配置文件，如下所示。

- 31-bgp.xml：该文件定义了基本解析器和 RIB 的设置。除非需要更改地址族标识符（AFI）和后续地址族标识符（SAFI），否则，不需要修改该文件。
- 41-bgp-example.xml：修改此文件匹配部署。

完成配置并重新启动 Karaf 实例后，OpenDaylight 会选取这些参数。使用 RESTful API，可以管理 BGP 路由和参数，这将在后面的内容中讨论。

更多信息

本书中，选用 Quagga 路由器用作 BGP 对等体。当然，可以使用任何路由器。Quagga 是一款使用方便且开源的路由软件。有关使用 BGP 配置 Quagga 路由器，并将其与 OpenDaylight 的 BGP 集成的说明，请参阅：

https://github.com/jgoodyear/OpenDaylightCookbook/tree/master/chapter6/chapter6-recipe1/quagga

使用 BGP-LS 管理和可视化拓扑

在本小节中，将回顾在上一小节中配置的拓扑，阐述存储信息种类的详细信息。

预备条件

上一节的内容是这节的先决条件，即假定 BGP 对等体和 RIB 已经如前面所述进行了配置。

使用 karaf 脚本启动 OpenDaylight 发行版，并安装前面提到的功能。我们将使用 BGP RESTful API 来查看由 BGP-LS 实施管理的不同拓扑。

操作指南

之前配置的三个主要拓扑结构如下。读者有必要了解一下能够管理每种拓扑的路由信息。

- example-linkstate-topology：此拓扑用于在通过链路状态消息发布网络拓扑信息时，管理节点和链路。

请注意，拓扑的名称与在 41-bgp-example.xml 中为其定义的模块匹配。

OpenDaylight 的 Linkstate 网络拓扑图可以参阅以下 URL 页面信息：

http://<ODL_IP>:8181/restconf/operational/network-topology:network-topology/topology/example-linkstate-topology

- example-ipv4-topology：此拓扑用于管理网络拓扑中节点的 IPv4 地址。

值得注意的是，拓扑的名称与在 41-bgp-example.xml 中为其定义的模块匹配。OpenDaylight 的 IPv4 网络拓扑实现可以通过以下 URL 访问。由于我们配置了 BGP 对等路由器和本地 BGP（OpenDaylight 实例属性），因此，IPv4 网络拓扑将列出其 IP 地址，参阅以下 URL 页面信息。

URL：

http://<ODL_IP>:8181/restconf/operational/network-topology:network-topology/topology/example-ipv4-topology

- example-ipv6-topology：如名称所示，此拓扑用于管理网络拓扑中节点的 IPv6 地址。

请注意，拓扑的名称与在 41-bgp-example.xml 中为其定义的模块匹配。OpenDaylight 的 Linkstate 网络拓扑图可以参阅以下 URL 页面信息：

http://<ODL_IP>:8181/restconf/operational/network-topology:network-topology/topology/example-ipv6-topology

对于前面的 GET REST 操作的示例响应可以在下面的 GitHub 链接页面中查找到：

https://github.com/jgoodyear/OpenDaylightCookbook/tree/master/chapter6/chapter6-recipe2/samples

工作原理

每个 BGP 提供的实例都使用唯一的 RIB ID 在 OpenDaylight 中进行配置。例如，在本例中，RIB ID 是 example-bgp-rib。对于每个 BGP 提供者，实例定义了唯一的拓扑结构。在本例中，定义了 3 种拓扑：bgp-reachability-ipv4 类型的 example-ipv4-topology，bgp-linkstate-topology 类型的 example-linkstate-topology，以及 bgp-reachability-ipv6 类型的 example-ipv6-topology。每种拓扑类型都是指在 OpenDaylight 的 BGP 实现中为这些拓扑定义的 YANG 模型。对于配置的每个 RIB ID，应用程序 BGP 对等体（模块类型 bgp-application-peer）都配置有唯一的应用程序 RIB ID。然后，可以使用由这些拓扑提供程序的 OpenDaylight 生成的 RESTful API 来

访问其中的 RIB ID。

向网络添加和删除 BGP 路由

此小节将介绍如何使用 BGP RESTful API 添加 IPv4 路由。作为先决条件，本小节将引导您完成手动配置，使 OpenDaylight 控制器能够接受传入的 BGP 连接，实际上意味着允许其表现得像 BGP 发言者一样。

预备条件

作为学习本节内容的先决条件，假定配置了 RIB（按照前面小节所述配置了常规 BGP）。为了添加 IPv4 路由，即填充 BGP 对等体的应用程序 RIB，需要配置 BGP 发言者，并建立应用程序对等体。

BGP 发言者功能配置：可以使用 XML 文件 `41-bgp-example.xml` 启用此功能。将默认绑定地址从 `0.0.0.0` 更新到本地主机，即 `127.0.0.1`，并将默认绑定端口从 `179` 更改为 `1790`：

```
<module>
<type
xmlns:prefix="urn:opendaylight:params:xml:ns:yang:controller:bgp:rib:
impl">
prefix:bgp-peer-acceptor</type>
<name>bgp-peer-server</name>
<binding-address>127.0.0.1</binding-address>
<binding-port>1790</binding-port>
...
</module>
```

将 BGP 对等体配置到其自己的模块内容中，可以看到对等注册表的标签。每个 BGP 对等模块都被注册到对等注册表中，以便允许由 BGP 发言者处理任何传入 BGP 的连接。以下是配置的示例：

```
<module>
<type
xmlns:prefix="urn:opendaylight:params:xml:ns:yang:controller:bgp:rib:
```

```
impl">
    prefix:bgp-peer</type>
    <name>example-bgp-peer</name>
    <host>192.168.1.119</host>
    <holdtimer>180</holdtimer>
    <peer-role>ibgp</peer-role>
    <rib>
    <type
    xmlns:prefix="urn:opendaylight:params:xml:ns:yang:controller:bgp:rib:
impl">
    prefix:rib-instance</type>
    <name>example-bgp-rib</name>
    </rib>
    <peer-registry>
    <type
    xmlns:prefix="urn:opendaylight:params:xml:ns:yang:controller:bgp:rib:
impl">
    prefix:bgp-peer-registry</type>
    <name>global-bgp-peer-registry</name>
    </peer-registry>
    ...
    </module>
```

BGP 应用对等体配置：由于 BGP 发言者（Speaker）需要注册所有需要与之通信的对等体，可以在其自己的模块中添加一个 BGP 应用对等体。

在以下部分用适当的信息替换标签。

- bgp-peer-id：指 OpenDaylight 实例的 IP 地址，即本地 BGP 标识符。
- target-rib：指数据将被存储的 RIB 标识符。
- application-rib-id：引用将存储路由信息的本地应用对等体 RIB 的 RIB 标识符。

可以配置更多的 BGP 对等体来通告来自应用对等体的路由：

```
    <module>
    <type
    xmlns:x="urn:opendaylight:params:xml:ns:yang:controller:bgp:rib:impl
">x:bgp
```

```
-application-peer</type>
<name>example-bgp-peer-app</name>
<bgp-peer-id>192.168.1.102</bgp-peer-id>
<target-rib>
<type
xmlns:x="urn:opendaylight:params:xml:ns:yang:controller:bgp:rib:impl
">x:rib
-instance</type>
<name>example-bgp-rib</name>
</target-rib>
<application-rib-id>example-app-rib</application-rib-id>
<data-broker>
<type
xmlns:sal="urn:opendaylight:params:xml:ns:yang:controller:md:sal:dom
">sal:d
om-async-data-broker</type>
<name>pingpong-broker</name>
</data-broker>
</module>
```

如本章第一小节所述，使用 `karaf` 脚本重新启动 OpenDaylight，并安装必要的功能。

操作指南 ●●●●

将使用 BGP RESTful API 来添加和删除路由。路由可以在对端路由器上验证。

1. 要添加 IPv4 单播路由，请使用以下 RESTful API。

URL：

`http://<ODL_IP>:8181/restconf/config/bgp-rib:application-rib/example-app-rib/tables/bgp-types:ipv4-address-family/bgptypes:unicast-subsequent-address-family`

方法：`PUT`

可以在以下 GitHub 位置查阅用于 PUT 操作的 JSON 范例：

`https://github.com/jgoodyear/OpenDaylightCookbook/blob/master/chapter6/chapter6-recipe3/samples/add-ipv4-unicast-route.txt`

删除 IPv4 路由：

在添加路由的 URL 上，发出删除请求，删除所有添加的路由。要删除特定的路由，需使用该 URL，并在其后面添加网络前缀 ID。例如，如果前缀是 2.1.1.1/32，则前缀 ID 为 2.1.1.1%2F32。

2．要添加 IPv6 单播路由，请使用以下 RESTful API。

URL：

http://<ODL_IP>:8181/restconf/config/bgp-rib:application-rib/example-app-rib/tables/bgp-types:ipv6-address-family/bgptypes:unicast-subsequent-address-family

方法：PUT

在以下 GitHub 位置可以看到 JSON 请求范例：

https://github.com/jgoodyear/OpenDaylightCookbook/blob/master/chapter6/chapter6-recipe3/samples/add-ipv6-unicast-route.txt

删除 IPv6 路由：

对前面提到的 REST URL 执行 DELETE 操作，将删除所有 IPv6 路由。用 IPv6 前缀的 URL 将只删除所提到前缀的路由。例如：删除 2001：db8：60 :: 5/128，该 URL 应附加 2001：DB8：60::5%2F128。

3．要添加 IPv4 标记的单播路由，请使用以下 RESTful API。

URL：

http://<ODL_IP>:8181/restconf/config/bgp-rib:application-rib/example-app-rib/tables/bgp-types:ipv4-address-family/bgp-labeledunicast:labeled-unicast-subsequent-address-family

方法：PUT

在以下 GitHub 位置可以查阅 JSON 请求范例：

https://github.com/jgoodyear/OpenDaylightCookbook/blob/master/chapter6/chapter6-recipe3/samples/add-ipv4-labelled-unicast-route.txt

删除IPv4标记的单播路由：

对前面提到的 URL 使用 DELETE 操作删除所有标记的路由。要删除特定 IPv4 标记的单播路由，在 URL 后追加 bgp-labeled-unicast：labeled-unicast-route/ <route-key_value>。

4．添加IPv4流量说明（BGP-FS）：

根据环境更改目标和程序前缀、协议和端口值的属性值。扩展属性可用于设置流量速率和标记，以及重定向属性。

URL：

```
http://<ODL_IP>:8181/restconf/config/bgp-rib:application-rib/ex
ample-app-rib/tables/bgp-types:ipv4-address-family/bgpflowspec:
flowspec-subsequent-address-family/bgpflowspec:flowspec-routes
```

方法：PUT

通过以下GitHub链接可以获得PUT请求的JSON正文范例：

```
https://github.com/jgoodyear/OpenDaylightCookbook/blob/master/chapter6
/chapter6-recipe3/samples/add-ipv4-flowspec.txt
```

删除IPv4流量说明：

使用与 DELETE 操作相同的 URL 来删除所有 BGP-FS 路由。为了删除特定的路由，在 URL 后添加 `bgp-flowspec: flowspec-route/route-key_value`。

5．要添加 IPv6 流量说明（BGP-FS），请使用给定的 RESTful API：

URL：

```
http://<ODL_IP>:8181/restconf/config/bgp-rib:application-rib/ex
ample-app-rib/tables/bgp-types:ipv6-address-family/bgpflowspec:
flowspec-subsequent-address-family/bgpflowspec:flowspec-ipv6-routes
```

方法：PUT

通过以下 GitHub 链接可以获得前面的 PUT 请求的 JSON 正文范例：

```
https://github.com/jgoodyear/OpenDaylightCookbook/blob/master/chapter6
/chapter6-recipe3/samples/add-ipv6-unicast-route.txt
```

删除 IPv6 流量说明：

使用上述链接上的 DELETE 操作删除 BGP-FS 路由。删除带有 bgp-flowspec：flowspecroute/<route-key_value>特定路由前缀的 URL。

工作原理

在实现 RIB 时，路由存储在 OpenDaylight 的 MD-SAL 数据存储中。该实现支持四种类型的路由：IPv4Route、IPv6Route、LinkstateRoute 和 FlowspecRoute。路由可以通过公开的 RESTful API 进行管理。

更多信息

使用 RESTful API 管理路由的便捷 PostMan 应用程序可以从以下 GitHub 地址下载：

https://github.com/jgoodyear/OpenDaylightCookbook/blob/master/chapter6/chapter6-recipe3/postman/Recipe_3-Adding_and_removing_BGP_routes_to_the_network.postman_collection

请务必更改 URL 中的 OpenDaylight IP 地址及 JSON 请求主体内容中的参数值以匹配设置。此外，该实现还公开了一个 Java 绑定，该绑定可用于管理可编程路由器。

配置和检索 PCEP 信息

此小节将引导您完成 OpenDaylight 控制器 XML 文件的手动配置，使用 PCEP 与路由器连接。需要配置路由器和 OpenDaylight。建立连接后，控制器可用于查看标签交换和路径计算客户端信息。PCEP RESTful API 也可以用于执行隧道管理的 CRUD 操作。

预备条件

这一小节需要路由器、OpenDaylight 控制器，以及 BGP-PCEP 集成。OpenDaylight 预先配置了基本的 PCEP 设置，并且可以查看属性的描述。

操作指南

按照以下说明编辑 OpenDaylight XML 文件配置 PCEP。

1. 使用 karaf 脚本启动 OpenDaylight 发行版，执行该脚本可以访问 karaf CLI。

2. 安装面向用户的功能，安装使用 PCEP 连接到路由器所需的依赖包：

```
opendaylight-user@root>feature:install odl-bgpcep-bgp-all odlbgpcep-pcep-all odl-restconf-all odl-netconf-all
```

需要等待几分钟才能完成安装。

3. 为 PCEP 配置文件。

一旦 OpenDaylight karaf 成功安装了这些功能，就会在 etc/opendaylight/karaf 路径的 karaf 根目录中创建 XML 配置文件。与 PCEP 配置相关的 XML 配置文件是：32-pcep.xml、39-pcep-provider.xml 和 33-pcep-segmentrouting.xml。

更新 39-pcep-provider.xml 的指定部分，设置 PCE 将被初始化的地址和侦听的端口。为 listen-address 和 listen-port 添加说明，如下所示：

```
<module>
<type
xmlns:prefix="urn:opendaylight:params:xml:ns:yang:controller:pc
ep:topology:provider">prefix:pcep-topology-provider</type>
<name>pcep-topology</name>
<listen-address>172.17.13.25</listen-address>
<listen-port>2086</listen-port>
...
</module>
```

重新启动 OpenDaylight Karaf，并重新安装功能以使配置生效。

4. 使用 OpenDaylight 检索 PCEP 拓扑数据。

OpenDaylight 定义了一个用于存储 PCEP 拓扑操作状态的 PCEP 拓扑。拓扑中的每个节点都是一个 PCC，并且每个节点内还显示由它发起的 PCC 隧道。如果没有配置 PCC，则 PCEP 拓扑将无入口点。

使用以下 URL 访问 PCEP 拓扑：

```
http://<ODL_IP>:8181/restconf/operational/network-topology:network-topology/topology/pcep-topology
```

工作原理

通过安装 odl-bgpcep-pcep-all，能获得 PCEP 协议必须的依赖包。需要安装 odl-restconf-all 功能才能访问 PCEP 协议公开的 RESTful API。一旦安装了这些功能，就会创建 XML 配置文件。OpenDaylight 中的 PCEP 协议提供了三个主要配置文件，如下所示。

- 32-pcep.xml：该文件定义了 PCEP 的基本配置，例如，会话参数，不需要更改。
- 39-pcep-provider.xml：该文件包含 PCEP 提供商的配置范例。PCEP 默认设置为有状态（stateful07）的 PCEP 扩展。它需要使用服务器绑定设置进行更新以匹配部署。

- 33-pcep-segment-routing.xml：该文件包含 PCEP 提供商的段路由配置信息，不需要更改。

完成配置并重新启动 Karaf 实例后，OpenDaylight 会选取参数。每个 PCC 客户端都作为节点添加到 PCEP 拓扑中。

使用 PCEP 管理 LSP 隧道

此小节将引导您完成创建、更新和删除 draft-ietf-pce-stateful-pce-07 和 draft-ietf-pce-pceinitiated-lsp-00 的 labelswitched 路径的说明。PCC 需要被配置并运行。PCE 是 OpenDaylight PCEP 的控制方案。一旦建立了 PCC 到 PCE 的连接，就可以使用 PCEP 远程过程调用实现管理 LSP。

预备条件

这一小节需要建立一个 PCC 客户端，并使用 BGP-PCEP 集成的 OpenDaylight 控制器。使用 pcc-mock 测试工具与 PCEP 集成捆绑在一起，用于创建、更新和删除隧道。另请参阅配置 pcc-mock 工具运行的操作指南。

操作指南

PCEP 协议提供以下远程过程调用来管理 LSP。

1. 要创建一个 LSP，请使用 RPC 调用：add-lsp，可通过以下 URL 访问，并参照以下 JSON 输入内容。

URL：

http://<ODL_IP>:8181/restconf/operations/network-topology-pcep:add-lsp

方法：POST

类型：application/xml

内容：

```
<input
xmlns="urn:opendaylight:params:xml:ns:yang:topology:pcep">
<node>pcc://192.168.1.208</node>
<name>tunnel-1</name>
```

```
<arguments>
<lsp
xmlns="urn:opendaylight:params:xml:ns:yang:pcep:ietf:stateful">
<delegate>true</delegate>
<administrative>true</administrative>
</lsp>
<endpoints-obj>
<ipv4>
<source-ipv4-address>192.168.1.208</source-ipv4-address>
<destination-ipv4-address>39.39.39.39</destination-ipv4-
address>
</ipv4>
</endpoints-obj>
<ero>
<subobject>
<loose>false</loose>
  <ip-prefix><ip-prefix>201.24.160.40/32</ip-prefix></ipprefix>
</subobject>
<subobject>
<loose>false</loose>
  <ip-prefix><ip-prefix>195.20.160.33/32</ip-prefix></ipprefix>
</subobject>
<subobject>
<loose>false</loose>
  <ip-prefix><ip-prefix>39.39.39.39/32</ip-prefix></ip-prefix>
</subobject>
</ero>
</arguments>
<network-topology-ref
xmlns:topo="urn:TBD:params:xml:ns:yang:networktopology">/
topo:network-topology/topo:topology[topo:topologyid="
pcep-topology"]</network-topology-ref>
</input>
```

2．为了更新上一步创建的 LSP，可以使用 RPC `update-lsp`，参照以下 JSON 请求内容。

URL：

http://<ODL_IP>:8181/restconf/operations/network-topology-pcep:update-lsp

方法：POST

类型：application/xml

内容：

```
<input
xmlns="urn:opendaylight:params:xml:ns:yang:topology:pcep">
<node>pcc://192.168.1.208</node>
<name>tunnel-1</name>
<arguments>
<lsp
xmlns="urn:opendaylight:params:xml:ns:yang:pcep:ietf:stateful">
<delegate>true</delegate>
<administrative>true</administrative>
</lsp>
<ero>
<subobject>
<loose>false</loose>
  <ip-prefix><ip-prefix>200.20.160.41/32</ip-prefix></ipprefix>
</subobject>
<subobject>
<loose>false</loose>
  <ip-prefix><ip-prefix>196.20.160.39/32</ip-prefix></ipprefix>
</subobject>
<subobject>
<loose>false</loose>
  <ip-prefix><ip-prefix>39.39.39.39/32</ip-prefix></ip-prefix>
</subobject>
</ero>
</arguments>
<network-topology-ref
xmlns:topo="urn:TBD:params:xml:ns:yang:networktopology">/
topo:network-topology/topo:topology[topo:topologyid="
pcep-topology"]</network-topology-ref>
</input>
```

3. 要删除此 LSP，使用 RPC remove-lsp，参照以下 JSON 请求内容：

URL：

http:// <Odl_IP>:8181/restconf/operations/network-topology-PCEP:remove-lsp

方法：POST

类型：application/xml

内容：

```
<input
xmlns="urn:opendaylight:params:xml:ns:yang:topology:pcep">
<node>pcc://192.168.1.208</node>
<name>tunnel-1</name>
<network-topology-ref
xmlns:topo="urn:TBD:params:xml:ns:yang:networktopology">/
topo:network-topology/topo:topology[topo:topologyid="
pcep-topology"]</network-topology-ref>
</input>
```

可在以下位置获得用于管理 LSP 的 REST 操作的 PostMan 集合：

https://github.com/jgoodyear/OpenDaylightCookbook/tree/master/chapter6/chapter6-recipe5/postman

更多信息

PCC 客户端工具 pcc-mock 的可执行 JAR 文件可以从以下地址下载：

https://github.com/jgoodyear/OpenDaylightCookbook/tree/master

有关参数及 pcc-mock 文件的详细信息，请参阅 PCEP RFC 文档、draft-ietf-pce-stateful-pce-07 和 draft-ietfpce-pce-initiated-lsp-00。假设 OpenDaylight 控制器正在运行，并且安装了 BGP-PCEP 的必要功能，可以运行 pcc-mock：

```
$ java -jar pcep-pcc-mock-0.5.3-executable.jar --local-address
192.168.1.208
--remote-address 192.168.1.102 --state-sync-avoidance 2 2 2 --incre
mentalsync-
procedure 2 2 2 --triggered-initial-sync --triggered-re-sync
```

本地地址是 PCC IP 地址，PCE 地址应该是 OpenDaylight IP 地址。

现在应该能够在控制台上看到以下输出：

```
06:11:52.119 [main] INFO  o.o.t.jni.NativeKeyAccessFactory - Library /tmp/libt
cpmd5-jni.so2285157135999201656.tmp loaded
06:11:52.332 [nioEventLoopGroup-2-1] INFO  o.o.p.p.impl.PCEPSessionNegotiator
- Replacing bootstrap negotiator for channel [id: 0xba788ebc, L:/192.168.1.208
:54663 - R:/192.168.1.102:4189]
06:11:52.478 [nioEventLoopGroup-2-1] INFO  o.o.p.p.i.AbstractPCEPSessionNegoti
ator - PCEP session with [id: 0xba788ebc, L:/192.168.1.208:54663 - R:/192.168.
1.102:4189] started, sent proposal Open [_deadTimer=120, _keepalive=30, _sessi
onId=0, _tlvs=Tlvs [augmentation=[Tlvs1 [_stateful=Stateful [_lspUpdateCapabil
ity=true, augmentation=[Stateful1 [_deltaLspSyncCapability=true, _includeDbVer
sion=true, _triggeredInitialSync=true, _triggeredResync=true], Stateful1 [_ini
tiation=true]]]], Tlvs3 [_lspDbVersion=LspDbVersion [_lspDbVersionValue=1, aug
mentation=[]]]]], augmentation=[]]
06:11:52.756 [nioEventLoopGroup-2-1] INFO  o.o.p.p.i.AbstractPCEPSessionNegoti
ator - PCEP peer [id: 0xba788ebc, L:/192.168.1.208:54663 - R:/192.168.1.102:41
89] completed negotiation
06:11:52.761 [nioEventLoopGroup-2-1] INFO  o.o.p.pcep.impl.PCEPSessionImpl - S
ession /192.168.1.208:54663[0] <-> /192.168.1.102:4189[0] started
```

使用 PCEP 进行网络编程

本小节将引导读者创建、更新和删除标签 draft-ietf-pce-segment-routing-01。本部分介绍的内容涉及 PCEP 用于执行段路由的操作过程，并包含上述内容的两个文档：draft-ietf-pce-stateful-pce-07 和 draft-ietf-pce-pce-initiated-init-00。

预备条件

需要一个如前面描述的 pcc-mock 测试工具的运行实例。

操作指南

PCEP 协议提供以下远程过程调用来管理分段路由 LSP。

1. 创建段路由 LSP add-lsp RPC，可以使用以下 JSON 输入内容。

URL：

http://<ODL_IP>:8181/restconf/operations/network-topology-pcep:add-lsp

方法：POST

类型：application/xml

内容：


```
<input
xmlns="urn:opendaylight:params:xml:ns:yang:topology:pcep">
<node>pcc://192.168.1.208</node>
<name>tunnel-0</name>
  <arguments>
    <lsp
xmlns="urn:opendaylight:params:xml:ns:yang:pcep:ietf:stateful">
    <delegate>true</delegate>
    <administrative>true</administrative>
    </lsp>
<endpoints-obj>
  <ipv4>
    <source-ipv4-address>192.168.1.208</source-ipv4-address>
    <destination-ipv4-address>39.39.39.39</destination-ipv4-
address>
  </ipv4>
</endpoints-obj>
  <path-setup-type
xmlns="urn:opendaylight:params:xml:ns:yang:pcep:ietf:stateful">
    <pst>1</pst>
  </path-setup-type>
<ero>
  <subobject>
    <loose>false</loose>
    <sid-type
xmlns="urn:opendaylight:params:xml:ns:yang:pcep:segment:routing
">ipv4-node-id</sid-type>
    <m-flag
xmlns="urn:opendaylight:params:xml:ns:yang:pcep:segment:routing
">true</m-flag>
    <sid
```

```
xmlns="urn:opendaylight:params:xml:ns:yang:pcep:segment:routing
">12</sid>
    <ip-address
xmlns="urn:opendaylight:params:xml:ns:yang:pcep:segment:routing
">39.39.39.39</ip-address>
  </subobject>
</ero>
  </arguments>
<network-topology-ref
xmlns:topo="urn:TBD:params:xml:ns:yang:networktopology">/
topo:network-topology/topo:topology[topo:topologyid="
pcep-topology"]</network-topology-ref>
</input>
```

2. 要更新先前创建的分段路由 LSP，请使用 RPC `update-lsp`，参照以下 JSON 输入内容。

URL：

`http://<ODL_IP>:8181/restconf/operations/network-topology-pcep:update-lsp`

方法：POST

内容：

```
<input
xmlns="urn:opendaylight:params:xml:ns:yang:topology:pcep">
<node>pcc://192.168.1.208</node>
<name>tunnel-0</name>
  <arguments>
    <lsp
xmlns="urn:opendaylight:params:xml:ns:yang:pcep:ietf:stateful">
    <delegate>true</delegate>
    <administrative>true</administrative>
    </lsp>
    <path-setup-type
xmlns="urn:opendaylight:params:xml:ns:yang:pcep:ietf:stateful">
    <pst>1</pst>
  </path-setup-type>
```

```
    <ero>
  <subobject>
    <loose>false</loose>
    <sid-type
xmlns="urn:opendaylight:params:xml:ns:yang:pcep:segment:routing
">ipv4-node-id</sid-type>
    <m-flag
xmlns="urn:opendaylight:params:xml:ns:yang:pcep:segment:routing
">true</m-flag>
    <sid
xmlns="urn:opendaylight:params:xml:ns:yang:pcep:segment:routing
">11</sid>
    <ip-address
xmlns="urn:opendaylight:params:xml:ns:yang:pcep:segment:routing
">200.20.160.41</ip-address>
  </subobject>
  <subobject>
    <loose>false</loose>
    <sid-type
xmlns="urn:opendaylight:params:xml:ns:yang:pcep:segment:routing
">ipv4-node-id</sid-type>
    <m-flag
xmlns="urn:opendaylight:params:xml:ns:yang:pcep:segment:routing
">true</m-flag>
    <sid
xmlns="urn:opendaylight:params:xml:ns:yang:pcep:segment:routing
">12</sid>
    <ip-address
xmlns="urn:opendaylight:params:xml:ns:yang:pcep:segment:routing
">39.39.39.39</ip-address>
  </subobject>
    </ero>
  </arguments>
<network-topology-ref
```

```
xmlns:topo="urn:TBD:params:xml:ns:yang:networktopology">/
topo:network-topology/topo:topology[topo:topologyid="
pcep-topology"]</network-topology-ref>
</input>
```

3. 要删除段路由 LSP，请使用 RPC `remove-lsp`。使用前面提到的 URL 和输入内容。

4. 触发同步（`trigger-sync`）操作：PCE 使用此操作来触发 LSP-DB 初始同步。

URL：

`http://<ODL_IP>:8181/restconf/operations/network-topology-pcep:trigger-sync`

方法：POST

内容：

```
<input
xmlns="urn:opendaylight:params:xml:ns:yang:topology:pcep">
  <node>pcc://192.168.1.208</node>
  <network-topology-ref
  xmlns:topo="urn:TBD:params:xml:ns:yang:network
  -topology">/topo:network-topology/topo:topology[topo:topology
  -id="pcep-topology"]</network-topology-ref>
</input>
```

要触发重新同步操作，请使用以下 RPC。由 PCE 触发 LSP 数据库重新同步，与初始同步的操作相同。

内容：

```
<input
xmlns="urn:opendaylight:params:xml:ns:yang:topology:pcep">
  <node>pcc://192.168.1.208</node>
  <name>re-sync-lsp</name>
  <network-topology-ref
  xmlns:topo="urn:TBD:params:xml:ns:yang:network
  -topology">/topo:network-topology/topo:topology[topo:topology
  -id="pcep-topology"]</network-topology-ref>
</input>
```

使用 Java 获取 BGP 和 PCEP 统计信息

BGP 统计信息将 BGP 的状态存储在网络拓扑中，并作为运行时 Bean 公开给 Java 管理控制台。对于每个 BGP，当成功建立 BGP 会话时，注册 MBean。可以使用 JConsole 和 Jolokia 作为运行时 Bean，通过 JMX 访问这些统计信息。它们也可以通过 RESTCONF 作为配置的 bgp-peer 模块的操作数据被访问。BGP 对等体会话状态和 BGP 对等体状态列出了 OpenDaylight 中 BGP-PCEP 协议 `odl-bgp-rib-impl-cfg.yang` 建模的各种统计信息。

BGP 统计还提供了两个重置操作 `resetSession` 和 `resetStats`。这些将在下一节中结合屏幕截图一起介绍。

PCEP 统计为每个 PCC 到 PCE 的连接提供统计数据。对于每个连接，生成一个根据 PCC 的 IP 地址命名的 Bean。PCEP 还提供了两个 RPC 操作，即 `resetStats` 和 `tearDownSession`，稍后将对此进行介绍。

预备条件

要查看 BGP 统计信息，假定 OpenDaylight 配置了 BGP 对等和 RIB 设置。可选地还可以添加路由，如前面所述。

操作指南

执行以下步骤。

1. 使用 `karaf` 脚本，并指定参数`-jmx` 启动 OpenDaylight 控制器。使用`-jmx` 启动控制器中的 JMX 服务器。

2. 使用 `karaf` 脚本启动 OpenDaylight 发行版。使用此客户端可以访问 Karaf CLI：

```
$ ./bin/karaf -jmx
```

如本章第 1 小节所述，重新安装 BGP-PCEP 的依赖包。

然后，使用 JConsole 连接到由前一个控制器启动的 JMX 服务器，访问运行中的 Bean。JDK 自带工具 JConsole，可以从 Java 主目录启动，如下所示：

```
$ $JAVA_HOME/bin/jconsole
```

通过选择，连接到正在运行的 Karaf 进程。以下是用于连接到 Karaf 容器的 JConsole 工具的屏幕截图：

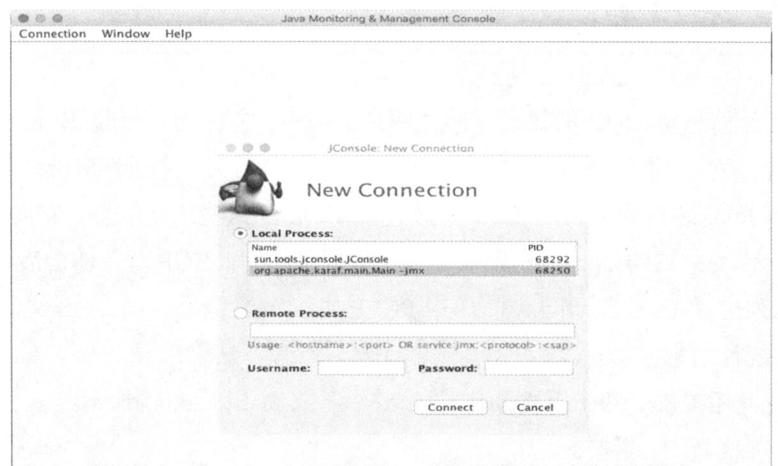

如果出现提示，请选择“Insecure connection”选项，进入 JMX 控制台：

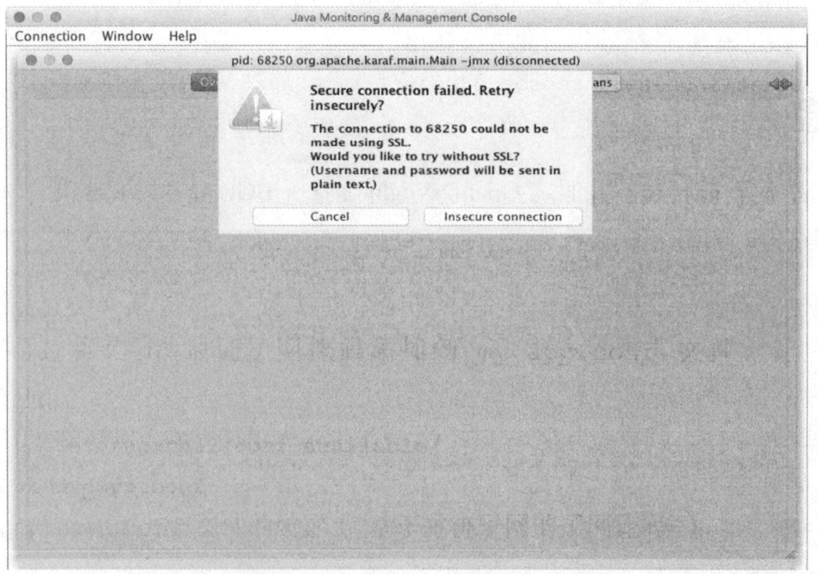

3. 对于每个 BGP 对等体，可以使用与对等体命名一致的 Bean。正如前面“配置和检索 BGP 信息”小节所述，能够看到名为 `example-bgp-peer` 的 MBean。以下屏幕截图显示了可用的 BGP 统计信息。

BgpPeerState 的属性可以通过 `example-bgp-peer` MBean 下的属性选项设定：

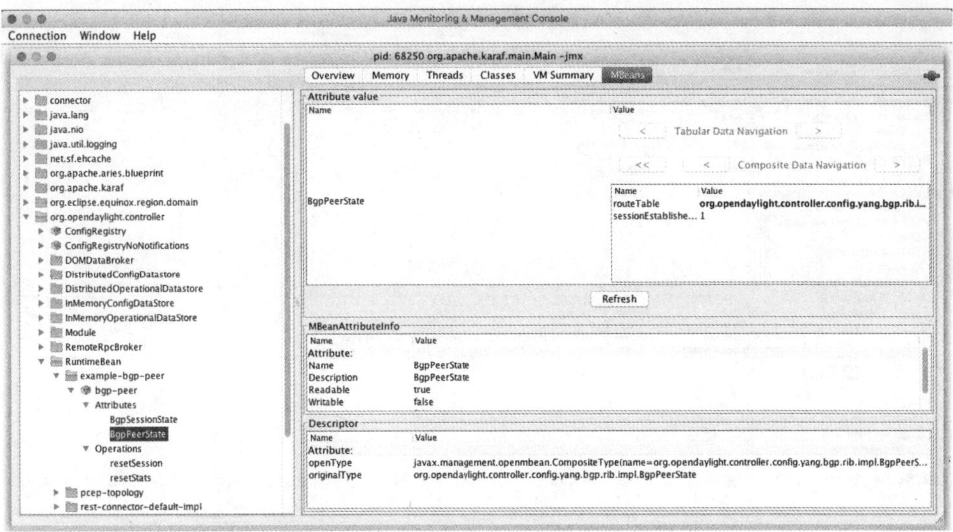

同样，BgpSessionState 也可以在 Attributes 选项下设定。每个统计信息按键值对列出属性，如以下屏幕截图所示：

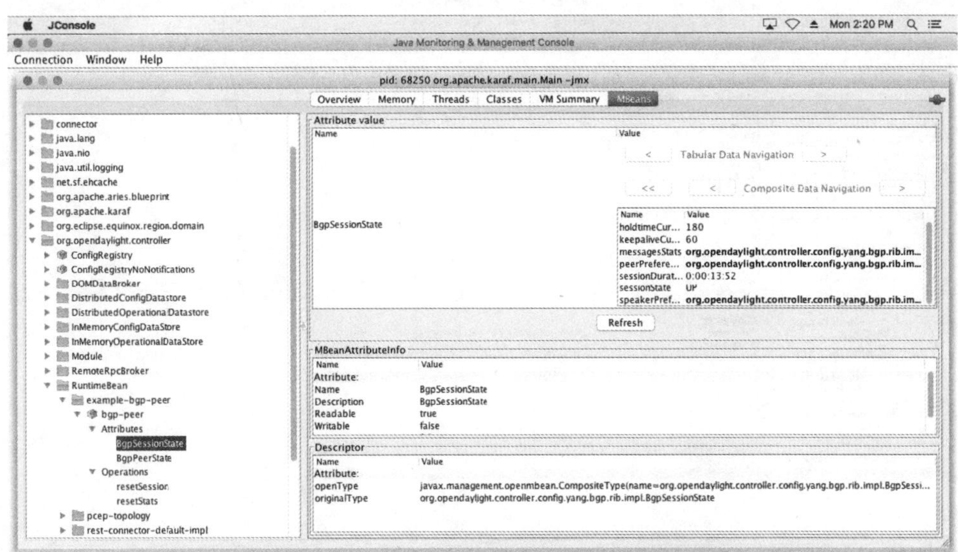

4．可以从相同的 MBean 重置 RPC 操作，如以下屏幕截图所示。

使用 `resetSession` RPC 重新启动客户端会话。执行此操作后，客户端可以按照重新连接策略重新连接：

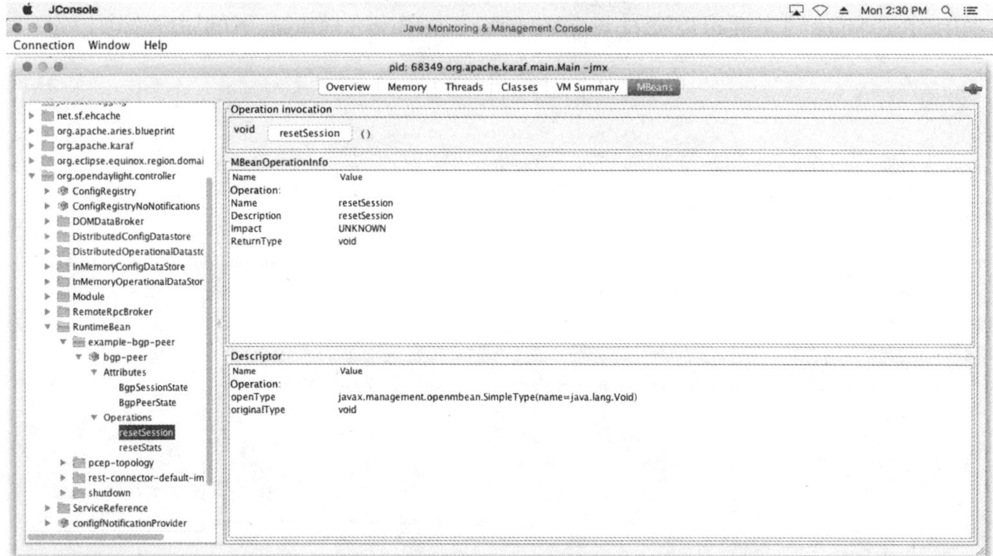

使用 resetStats RPC 清空消息计数器和时间戳记值，重置对等统计信息：

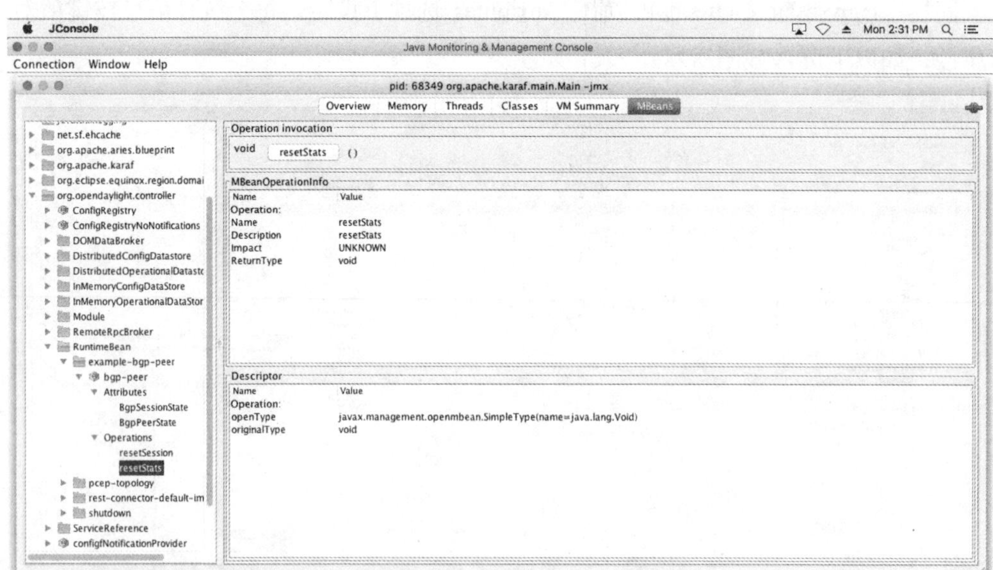

5．通过添加到 pcep-topology 的 IP 地址查阅 PCC 节点的属性：

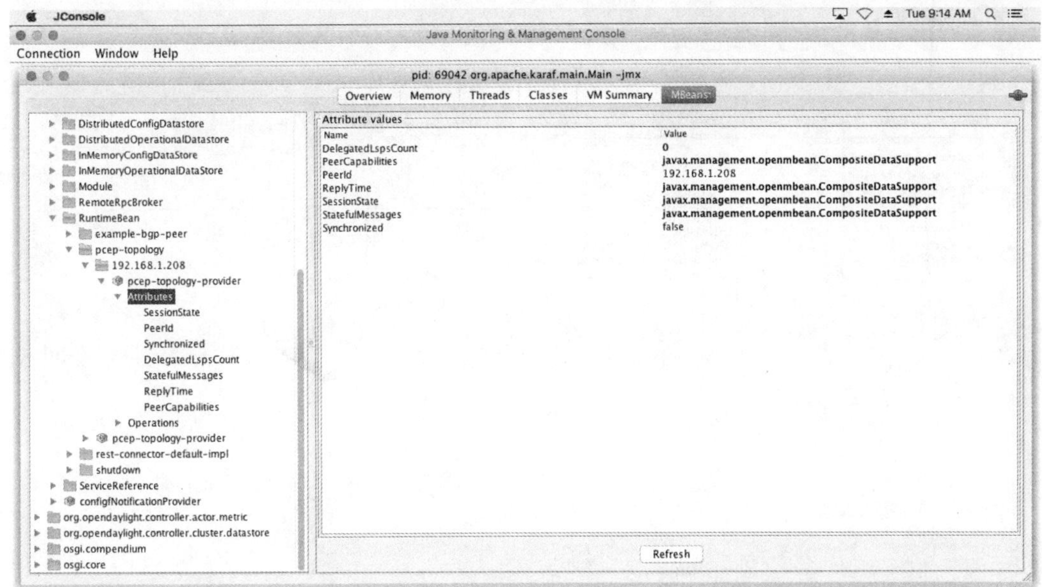

如下图所示，PCEP 的 `resetStats` 远程过程调用，可以单击 RuntimeBean 对应的 PCC IP 地址下的 Operations 菜单。此操作可用于将统计信息（如消息计数器和时间戳）重置为 `0`：

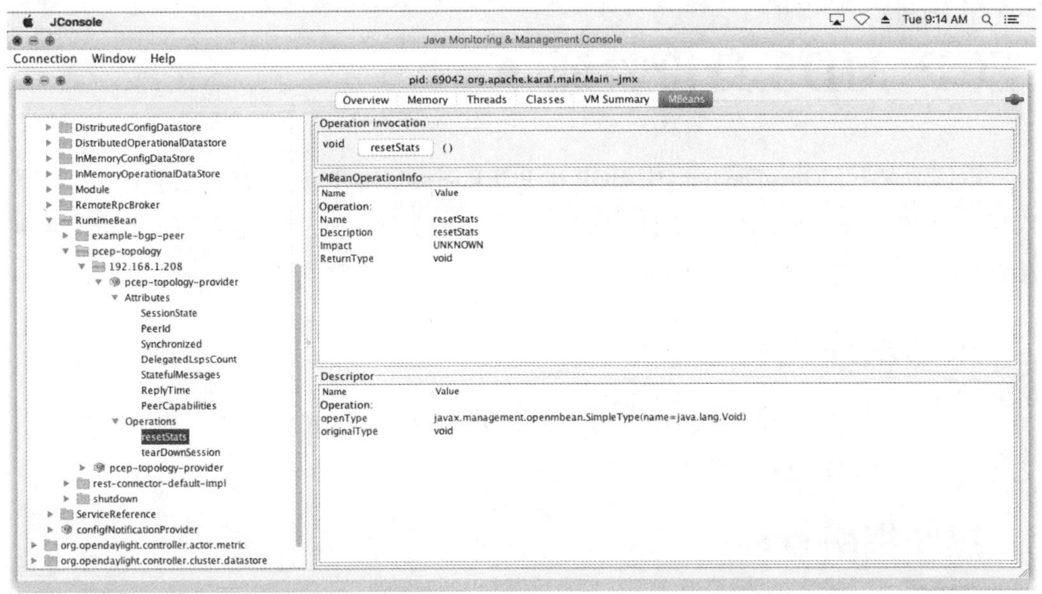

以类似的方式，通过 RPC 操作 tearDownSession，关闭 PCC 和 PCE 之间的连接：

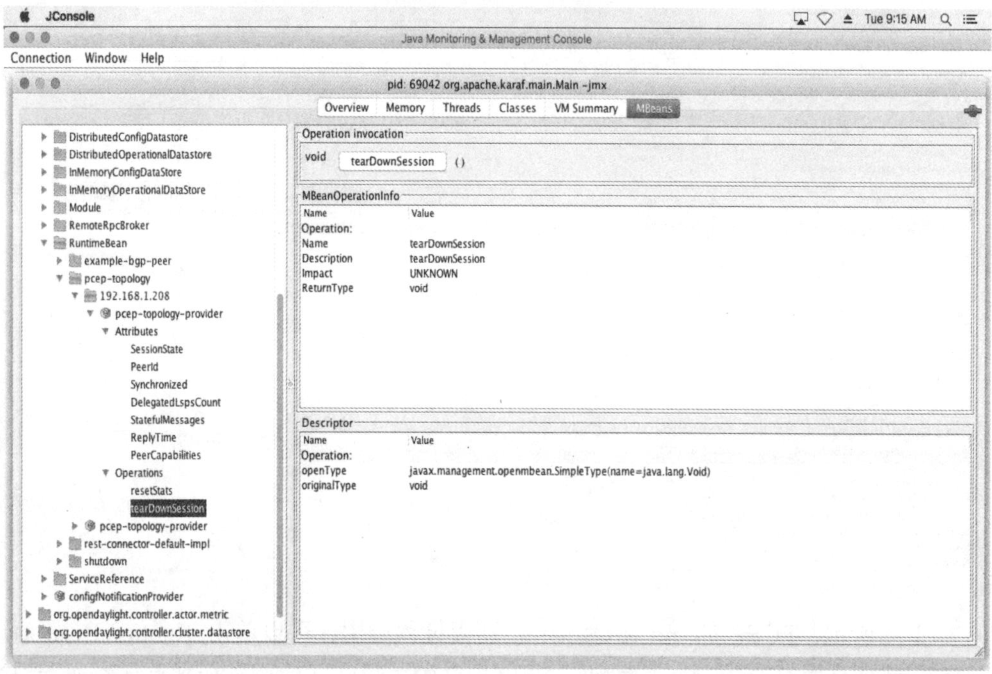

启用使 BGP 和 PCEP 安全连接的 TCP MD5 身份验证

默认情况下，OpenDaylight 中 BGP 和 PCEP 连接禁用 TCP MD5 身份验证。该配置对保护 BGP 连接非常有用。它可以手动启用或使用 RESTCONF 配置。下面将介绍如何手动配置这个属性。

预备条件

作为先决条件，请确保按照前面所述配置了 BGP 和 PCEP。另外，为了允许 BGP 之间进行 TCP MD5 认证，路由器也需要进行相应的配置。

操作指南

在这一小节中，我们将看看如何手动配置 BGP-PCEP，启用 TCP MD5 身份验证。

下面将详细介绍一些读者感兴趣的资料，包括读者需要更新的参数的详细信息。

1. 确保已经使用了 karaf 脚本，启动了 OpenDaylight 发行版，并按照之前介绍的内容配置了 BGP。

2. 除了在前面章节中介绍的 XML 文件：31-bgp.xml 和 41-bgp-example.xml，我们还需要更新另一个名为 20-tcpmd5.xml 的文件来启用 TCP MD5。在默认情况下，20-tcpmd5.xml 的内容被注释掉了，因此，需要取消注释。

重申一下，请注意，所有这些 XML 文件都可以在 Karaf 根目录的 etc/opendaylight/karaf 文件夹下找到。只有在启动 Karaf 时才会生成文件，并按照前面的介绍安装 BGP 和 PCEP 的功能。

3. 在 XML 文件 31-bgp.xml 中配置 TCP MD5。

取消注释 TCP MD5，如以下代码片段所示，设置 md5-channel-factory 服务属性：

```
<!--
```

Uncomment this block to enable TCP MD5 signature support:

```
-->
......
<services
xmlns="urn:opendaylight:params:xml:ns:yang:controller:config">
<service>
<type
xmlns:prefix="urn:opendaylight:params:xml:ns:yang:controller:tc
pmd5:cfg">prefix:key-access-factory</type>
<instance>
<name>global-key-access-factory</name>
  <provider> /modules/module[type='native-key-access-factory'][
name='global-key-access-factory']</provider>
</instance>
</service>
<service>
<type
xmlns:prefix="urn:opendaylight:params:xml:ns:yang:controller:tc
pmd5:netty:cfg">prefix:md5-channel-factory</type>
<instance>
```

```
<name>md5-client-channel-factory</name>
  <provider>/modules/module[type='md5-client-channel factory'][
name='md5-client-channel-factory']</provider>
</instance>
</service>
<service>
<type
xmlns:prefix="urn:opendaylight:params:xml:ns:yang:controller:tc
pmd5:netty:cfg">prefix:md5-server-channel-factory</type>
<instance>
<name>md5-server-channel-factory</name>
  <provider> /modules/module[type='md5-server-channel-factory-impl'][
name='md5-server-channel-factory']</provider>
</instance>
</service>
</services>
```

4. 在 XML 文件 `41-bgp-example.xml` 中配置 TCP MD5：在 XML 文件中为 BGP 对等体配置创建一个密码标签，设置 password 属性。作为路由器的 BGP 对等体也需要配置相同的密码才能建立连接。

每个 BGP 对等体都需要配置，以启用 TCP MD5 身份验证。最后，重新启动 Karaf 实例和安装 BGP 功能，获取新设置：

```
<module>
  <type
xmlns:prefix="urn:opendaylight:params:xml:ns:yang:controller:bg
p:rib:impl">prefix:bgp-peer</type>
  <name>example-bgp-peer</name>
  <host>192.168.1.119</host>
  <holdtimer>180</holdtimer>
  <password>md5_auth_passwd</password>
```

OpenDaylight PCEP 的 TCP MD5 认证配置如下。

1. 确保已经使用了 `karaf` 脚本，启动了 OpenDaylight 发行版，并遵循之前的说明配置了 PCEP。

2. 确保 `20-tcpmd5.xml` 的内容未被注释。

3. 在 XML 文件 32-pcep.xml 中配置 TCP MD5 部分。

就像 BGP 配置一样，取消注释 TCP MD5 部分，设置 md5-channel-factory 服务属性：

```
<!--
```

Uncomment this block to enable TCP MD5 signature support:

```
-->
<md5-channel-factory>
  <type
xmlns:prefix="urn:opendaylight:params:xml:ns:yang:controller:tc
pmd5:netty:cfg">prefix:md5-channel-factory</type>
  <name>md5-client-channel-factory</name>
</md5-channel-factory>
<md5-server-channel-factory>
  <type
xmlns:prefix="urn:opendaylight:params:xml:ns:yang:controller:tc
pmd5:netty:cfg">prefix:md5-server-channel-factory</type>
  <name>md5-server-channel-factory</name>
</md5-server-channel-factory>
```

4. 在 XML 文件 39-pcep-provider.xml 中配置 TCP MD5 部分：添加 PCC 客户端条目以包含 IP 地址及其密码。请注意，还需要为 PCC 客户端设置相同的密码才能成功进行 TCP MD5 身份验证。

重新启动 Karaf 并重新安装 PCEP 功能，使配置生效：

```
<!--
```

For TCP-MD5 support make sure the dispatcher has the md5-server-channel-factory attribute set and then set the appropriate client entries here. Note that, if this option is configured, the PCCs connecting here must have the same password configured; otherwise they will not be able to connect at all:

```
-->
<client>
  <address><PCC_IP_address></address>
  <password>pcc_client_passwd</password>
</client>
```

使用 OpenConfig 配置 BGP 组件

除了通过 RESTCONF 进行手动配置之外，OpenDaylight 还提供了一种使用 OpenConfig 的备选 BGP 配置方式。

OpenConfig 是一项主动定义供应商中立的数据模型，以实现无缝的网络管理和配置。定义 BGP 的 YANG 数据模型的 RFC 草案是 OpenDaylight BGP 项目起草的，目的是为了支持 YANG 数据模型（`https://tools.ietf.org/html/draft-ietf-idr-bgp-model-00`）。

预备条件

使用 OpenConfig 配置，需要安装两个组件：`odl-restconf` 和 `odl-netconf-connector-ssh`。RESTful API 用于将 BGP 组件属性配置为 OpenDaylight，而 OpenDaylight 则使用 NETCONF 协议来管理网络设备配置。

操作指南

以下说明将指导您使用 OpenConfig 配置 BGP。

1. 使用前面所述的 `karaf` 脚本启动 OpenDaylight 发行版。
2. 安装面向用户的功能，安装 OpenConfig 所需的依赖包：

```
opendaylight-user@root>feature:install odl-restconf odl-netconf-connector-ssh
```

3. 配置 BGP RIB 的实例。使用以下 `PUT` 请求来设置 RIB 属性。设置与环境匹配的路由器 ID 和属性。路由器 ID 对应于 BGP 标识符 `bgp-rib-id`，并映射到本地系统。

URL：

`http://<ODL_IP>:8181/restconf/config/openconfig-bgp:bgp/global/config`

方法：`PUT`

类型：`application/xml`

内容：

```
<config xmlns="http://openconfig.net/yang/bgp">
  <router-id>192.168.1.119</router-id>
  <as>65504</as>
</config>
```

4. BGP 对等体属性配置：使用 POST 请求添加新的 BGP 对等体实例信息。

<ODL_IP>指的是可以访问 OpenDaylight 控制器的 IP 地址。

URL：

http://<ODL_IP>:8181/restconf/config/openconfig-bgp:bgp/openconfig-bgp:neighbors

方法：POST

类型：application/xml

内容：

```
<neighbor xmlns="http://openconfig.net/yang/bgp">
<neighbor-address>172.16.17.31</neighbor-address>
<afi-safis>
<afi-safi>
  <afi-safi-name
xmlns:x="http://openconfig.net/yang/bgp-types">x:IPV4
  -UNICAST</afi-safi-name>
</afi-safi>
<afi-safi>
  <afi-safi-name
xmlns:x="http://openconfig.net/yang/bgp-types">x:IPV6
  -UNICAST</afi-safi-name>
</afi-safi>
<afi-safi>
  <afi-safi-name
xmlns:x="http://openconfig.net/yang/bgp-types">x:IPV4
  -LABELLED-UNICAST</afi-safi-name>
</afi-safi>
<afi-safi>
```

```
    <afi-safi-name
  xmlns:x="http://openconfig.net/yang/bgp-types">L2VPN
    -EVPN</afi-safi-name>
  </afi-safi>
  <afi-safi>
    <afi-safi-name
    xmlns:x="urn:opendaylight:params:xml:ns:yang:bgp:openconfig
    -extensions">x:linkstate</afi-safi-name>
  </afi-safi>
  <afi-safi>
    <afi-safi-name
    xmlns:x="urn:opendaylight:params:xml:ns:yang:bgp:openconfig
    -extensions">x:ipv4-flow</afi-safi-name>
  </afi-safi>
  <afi-safi>
    <afi-safi-name
    xmlns:x="urn:opendaylight:params:xml:ns:yang:bgp:openconfig
    -extensions">x:ipv6-flow</afi-safi-name>
  </afi-safi>
  </afi-safis>
  <route-reflector>
    <config>
      <route-reflector-client>false</route-reflector-client>
    </config>
  </route-reflector>
  <timers>
    <config>
      <hold-time>180</hold-time>
    </config>
  </timers>
  <transport>
    <config>
      <passive-mode>false</passive-mode>
    </config>
  </transport>
```

```
    <config>
      <peer-type>INTERNAL</peer-type>
      <peer-as>65504</peer-as>
    </config>
  </neighbor>
```

5．BGP 应用程序对等体配置：如果 OpenDaylight 配置为 BGP 发言者，即允许传入 BGP 连接，应用对等体配置。以下 PUT 请求可用于将应用程序对等体配置为 OpenDaylight。注意，OpenConfig API 使用名为 application- peers 的对等组的应用对等邻居。

URL：

http://<ODL_IP>:8181/restconf/config/openconfig-bgp:bgp/openconfig-bgp:neighbors

方法：POST

类型：application/xml

内容：

```
<neighbor xmlns="http://openconfig.net/yang/bgp">
<neighbor-address>172.16.17.31</neighbor-address>
  <config>
    <peer-group>application-peers</peer-group>
  </config>
</neighbor>
```

实现 BGP 和 PCEP 协议的新扩展

BGP 和 PCEP 协议提供可扩展功能以添加新行为。这两种协议的扩展可参照许多 RFC 和文档。OpenDaylight BGP-PCEP 实现提供了一种支持这些扩展的方法。在本小节中，我们将了解一些实现原则，在 OpenDaylight 中为 BGP 和 PCEP 协议添加新的扩展。

目前 BGP 解析器模块支持以下 RFC。

- RFC3107：在 BGP-4 中携带标签信息。
- RFC4271：边界网关协议 4（BGP-4）。

- RFC4724：BGP 的平滑重启机制。
- RFC4760：BGP-4 的多协议扩展。
- RFC1997：BGP 团体属性。
- RFC4360：BGP 扩展团体属性。
- RFC6793：BGP 支持四字节自治系统（AS）号码空间。
- RFC4486：BGP 停用通知消息的子代码。
- RFC5492：使用 BGP-4 的功能公告。
- RFC5668：4-Octet 作为特定的 BGP 冗余校验扩展区域。
- RFC6286：用于 BGP-4 的自治系统唯一 BGP 标识符。
- RFC5575：流量规范规则的传播。
- RFC7311：BGP 的累积 IGP 度量标准属性。
- RFC7674：Flowspec 重定向扩展区域说明。

PCEP 基础解析器支持以下 RFC。

- RFC5440：PCE 和 PCEP。
- RFC5541：路径计算节点通信协议中目标函数的编码。
- RFC5455：路径计算节点通信协议的 Diffserv-Aware 类型对象。
- RFC5521：用于路由排除的路径计算节点通信协议（PCEP）的扩展。
- RFC5557：支持全局并发优化的路径计算节点通信协议（PCEP）要求和协议扩展。
- RFC5886：一组路径计算节点（PCE）基础架构的监视工具。

预备条件

作为先决条件，请确保使用 git clone 命令从 OpenDaylight GitHub 克隆 BGP-PCEP 项目：

```
git clone https://git.opendaylight.org/gerrit
```

要实现对 BGP 和 PCEP 的扩展，需要为 OpenDaylight 设置开发环境。必要的工具和实用程序包括：Java JDK 8、Maven v3.3.1 或更高版本、Git 客户端，以及所选择的 IDE。

操作指南

以下小节重点介绍了使用 RFC 和文档扩展 BGP 和 PCEP 协议的一些实施准则。

编写新的 BGP 扩展的指导原则。

● 为要实现的扩展创建一个单独的 Maven 包。

将基础解析器（base-parser）捆绑包（Bundle）的依赖项添加到创建的新捆绑包 pom 文件中：

```
<dependency>
  <groupId>${project.groupId}</groupId>
  <artifactId>bgp-parser-api</artifactId>
</dependency>
<dependency>
  <groupId>${project.groupId}</groupId>
  <artifactId>bgp-parser-spi</artifactId>
</dependency>
```

● YANG 建模扩展。

可以写一个新的 YANG 模型或新的节点，或者根据要求增加现有节点。一旦创建了 YANG 模型，使用 Maven 命令构建新的捆绑包：`mvn clean install`。这将从定义的 YANG 模型生成 Java 类。

● 实现解析器和序列化器。

`bgp-parser-spi` 包提供 Java 接口来解析和序列化名称：`* Parser.java` 和 `* Serializer.java`。这些接口名称以协议节点的名称为前缀，例如：`BGPKeepAliveMessage Parser.java` 实现 `MessageParser.java` 和 `MessageSerializer.java`。

需要添加的扩展新节点都应该实现`* Parser` 和`* Serializer` 接口。

● 注册解析器（parser）和序列器（serializer）。

添加一个从 `AbstractBGPExtensionProviderActivator` 类继承的新 Activator 类。在这个新的激活器（Activator）类中，解析器和序列器将被注册。

要注册新地址和后续地址系列，需要添加地址系列标识符/后续地址系列标识符（AFI/SAFI）。为此，创建另一个从 `AbstractRIBExtensionProviderActivator` 类继承的 Activator。

- 更新 BGP XML 配置文件。

将新解析器注册为 31-bgp.xml 文件中的新模块，如下所示：

```
<module>
<type
xmlns:prefix="urn:opendaylight:params:xml:ns:yang:controller:bg
p:new-extension-parser">prefix:bgp-new-extension parser</
type><name>new-extension-parser</name>
</module>
```

- 将该模块作为新扩展添加到 bgp-parser-base，如下所示：

```
<extension>
<type
xmlns:bgpspi="urn:opendaylight:params:xml:ns:yang:controller:bg
p:parser:spi">bgpspi:extension</type>
<name>bgp-new-extension-parser</name>
</extension>
```

- 将新扩展的实例添加到 services 部分，如下所示：

```
<instance>
<name>bgp-new-extension-parser</name>
<provider>/modules/module[type='bgp-new-extensionparser'][
name='bgp-new-extension-parser']</provider>
</instance>
```

如果添加新的 AFI/SAFI，请确保将它们注册到 RIB，如下所示：

```
<module>
<type
xmlns:prefix="urn:opendaylight:params:xml:ns:yang:controller:bg
p:rib:impl">prefix:bgp-table-type-impl</type>
<name>new-extension</name>
<afi xmlns:new
             extension="
urn:opendaylight:params:xml:ns:yang:bgp-new
                                          extension">
new-extension:new-extension-address-family</afi>
<safi xmlns:new
              extension="
```

```
urn:opendaylight:params:xml:ns:yang:bgp-new
                                              extension">
new-extension:new-extension-subsequent-addressfamily</
safi>
</module>
```

● 对于新扩展解析器，请扩充配置数据存储（如以下代码片段所示），并通过将以下参数添加到 YANG 模型来创建配置文件。这将生成* Module 和* ModuleFactory 类：

```
identity bgp-new-extension-parser {
  base config:module-type;
  config:provided-service bgpspi:extension;
  config:provided-service ribspi:extension; // for new AFI/SAFI
  config:java-name-prefix NewExtensionParser;
}
  augment "/config:modules/config:module/config:configuration"
{
  case bgp-new-extension-parser {
  when "/config:modules/config:module/config:type = 'bgp-new
                                                    extension
  -parser'";
  }
}
```

使用 Maven 命令编译：mvn clean install。这将生成 Module 和 ModuleFactory 类。

在* Module 类的 createInstance 方法中，创建一个解析器激活器的新实例，如下所示：

```
@Override
public java.lang.AutoCloseable createInstance() {
return new NewExtensionParserActivator();
}
```

编写新的 PCEP 扩展指南。

● 为想要实现的扩展创建一个单独的 Maven 捆绑包。

添加基础解析器捆绑包的依赖项到新的捆绑包中。

```
<dependency>
  <groupId>${project.groupId}</groupId>
  <artifactId>pcep-api</artifactId>
</dependency>
<dependency>
  <groupId>${project.groupId}</groupId>
  <artifactId>pcep-spi</artifactId>
</dependency>
```

- 根据要求为新节点创建新的 YANG 模型或扩充现有节点。使用 Maven 命令编译新的 Bundle：`mvn clean install`，在定义的 YANG 模型中生成 Java 类。
- 实现解析器和序列器：

`pcep-spi` 软件包提供 Java 接口，用于通过名称`* Parser.java` 和`* Serializer.java` 进行解析和序列化。需要添加的扩展新元素都应该实现`* Parser` 和`* Serializer` 接口。

- 注册解析器和序列器：

添加一个新的 Activator 类，该类继承自将在其中注册解析器和序列器的 `AbstractPCEPExtensionProviderActivator` 类。

- 更新 PCEP XML 配置文件。

按照以下方式将新解析器注册为 `32-pcep.xml` 文件中的新模块：

```
<module>
<type
xmlns:prefix="urn:opendaylight:params:xml:ns:yang:controller:pc
ep:impl">prefix:pcep-new-extension-parser</type>
<name>pcep-new-extension-parser</name>
</module>
```

将该模块作为新的扩展添加到 `pcep-parser-base` 中，如下所示：

```
<extension>
<type
xmlns:pcepspi="urn:opendaylight:params:xml:ns:yang:controller:p
cep:spi">pcepspi:extension</type>
<name>pcep-new-extension-parser</name>
</extension>
```

将新扩展的实例添加到服务中，如下所示：

```
<instance>
<name>pcep-new-extension-parser</name>
<provider>/modules/module[type='pcep-new-extension- parser'][
name='pcep-new-extension-parser']</provider>
</instance>
```

- 对于新的扩展解析器，请扩充 odl-pcepimpl-cfg.yang 中的配置数据存储，如下面的代码片段所示。这将生成* Module 和* ModuleFactory 类：

```
identity pcep-new-extension-parser {
    base config:module-type;
    config:provided-service pcepspi:extension;
    config:java-name-prefix PcepNewExtensionParser;
}
    augment "/config:modules/config:module/config:configuration"
{
    case pcep-new-extension-parser {
    when "/config:modules/config:module/config:type = 'pcep-new
    -extension-parser'";
    }
}
```

使用 Maven 命令编译：mvn clean install，生成 Module 和 ModuleFactory 类。

在* Module 类的 createInstance 方法中，创建一个解析器激活器的新实例，如以下代码片段所示：

```
@Override
    public java.lang.AutoCloseable createInstance() {
    return new NewPcepExtensionParserActivator();
}
```

更多信息

在当前的实例中，BGP项目支持如下两个扩展。

- Linkstate OpenDaylight GitHub 存储库：

https://github.com/opendaylight/bgpcep/tree/stable/beryllium/bgp/linkstate

- Flowspec OpenDaylight GitHub 存储库：

https://github.com/opendaylight/bgpcep/tree/stable/beryllium/bgp/flowspec

PCEP 协议支持以下两种扩展。

- 有状态的 RFC。

https://tools.ietf.org/html/draft-ietf-pce-stateful-pce-14 和 https://tools.ietf.org/html/draft-ietf-pce-pce-initiated-lsp-05

OpenDaylight GitHub实例：

https://github.com/opendaylight/bgpcep/tree/stable/beryllium/pcep/ietf-stateful07

- 段路由 RFC。

https://tools.ietf.org/html/draft-ietf-pce-segment-routing-01

OpenDaylight GitHub 实例：

https://github.com/opendaylight/bgpcep/tree/stable/beryllium/pcep/segment-routing

上面的扩展实例仅供参考。

意图和策略联网

在本章中，将介绍以下内容：

- 带有 NIC 的简单防火墙；
- MPLS 意图和标签管理；
- 基于意图的通信重定向；
- 端到端意图；
- NIC 和 OpenStack 集成；
- 基于意图的 QoS 操作；
- 使用 NIC 的 LOG 操作；
- 使用 NIC 的 VTN 渲染器。

内容概要

NIC 提供了使控制器能够根据意图管理网络服务和资源的功能。意图可以被定义为“做什么”，而不是“怎么做”，它直接关系到用户的需求。意图通过新的北向接口向控制器传值，该接口提供广义和抽象的策略语义，而不是类似 OpenFlow 规则。该项目包括与 OpenStack Neutron、**服务功能链（SFC）**和**基于组的策略（GBP）**的集成。NIC 项目使用现有的 OpenDaylight 网络服务功能和南向插件来控制虚拟网络设备和物理网络设备。

NIC 提供以下功能。

- `odl-nic-core-hazelcast`：提供分布式意图映射服务，使用 Hazelcast 接口（用于共享内存数据网格中的数据），存储 `odl-nic-core` 功能所需的元数据。
- `odl-nic-core-mdsal`：提供一个意图 REST 后端。

- odl-nic-console：为意图 CRUD 操作和地图服务操作提供 Karaf CLI 扩展。
- odl-nic-renderer-of-Generic OpenFlow Renderer：这个渲染器是负责与 OpenDaylight OpenFlow 插件进行通信，并将规则推送给交换机。
- odl-nic-renderer-vtn：将意图转换为网络的功能，使用 VTN 项目进行修改。
- odl-nic-renderer-gbp：将意图转换为网络的功能，使用组策略项目进行修改。
- odl-nic-renderer-nemo：将意图转换为网络的功能，使用 NEMO 项目进行修改。
- odl-nic-listeners：增加了对事件监听的支持（取决于：odlnic-renderer-of）。
- odl-nic-neutron-integration：允许与 OpenStack Neutron 集成，允许 OpenDaylight 应用程序推送现有 Neutron 安全规则和意图。

NIC 上使用的一些有用的命令如下。

- intent:add:

```
--[cut]--
DESCRIPTION
  intent:add
Adds an intent to the controller.
Examples: --actions [ALLOW] --from <subject> --to <subject>
  --actions [BLOCK] --from <subject>
SYNTAX
  intent:add [options]
OPTIONS
  -a, --actions
    Action to be performed.
    -a/--actions BLOCK/ALLOW
     (defaults to [BLOCK])
--help
    Display this help message
-t, --to
    Second Subject.
```

```
-t/--to <subject>
    (defaults to any)
-f, --from
   First subject.
-f/--from <subject>
    (defaults to any)
--[cut]--
```

- intent:remove:

```
--[cut]--
DESCRIPTION
  intent:remove
Removes an intent from the controller.
SYNTAX
  intent:remove id
ARGUMENTS
  Id: Intent Id
--[cut]---
```

- intent:show:

```
--[cut]--
DESCRIPTION
  intent:show
Shows detailed information about an intent.
SYNTAX
  intent:show id
ARGUMENTS
  id :Intent Id
--[cut]--
```

- intent:list:

```
--[cut]--
DESCRIPTION
Intent: list
Lists all intents in the controller.
SYNTAX
intent:list [options]
OPTIONS
```

```
    -c, --config
    List Configuration Data (optional).
    -c/--config <ENTER>
    --help
      Display this help message
    --[cut]--
```

对于 Boron 版本，应该安装渲染器功能。

带有 NIC 的简单防火墙

为了使用意图建立简单的防火墙功能，我们将创建一个由两台主机和一台 OpenFlow 交换机组成的简单拓扑。可以使用 MAC 地址或端点组创建命令。

预备条件

学习本章内容，需要一个 OpenFlow 开关。如果你没有，可以使用安装了 OvS 的 Mininet-VM 。从网站 https://github.com/mininet/mininet/wiki/Mininet-VM-Images 下载 Mininet-VM。任何版本都可以。

下面将使用带有OvS 2.3.2的Mininet-VM进行介绍。

示例代码位于：

https://github.com/jgoodyear/OpenDaylightCookbook/tree/master/chapter1

操作指南

执行以下步骤。

1. 使用 karaf 脚本启动 OpenDaylight 发行版。使用这个命令，能从客户端访问 Karaf CLI：

$ ./bin/karaf

2. 安装面向用户的功能，负责引入连接 OpenFlow 交换机所需的依赖包：

```
    opendaylight-user@root>feature:install odl-nic-core-mdsal odl-nic-c
onsole odl-nic-renderer-of
```

需要几分钟才能完成安装。为确保安装顺利，请使用以下命令检查日志：

```
    opendaylight-user@root>log:tail
```

```
--[cut]--
of-renderer - 1.1.3.SNAPSHOT | Creating Open flow renderer
2016-05-23 12:46:32,725 | INFO | config-pusher |
OFRendererFlowManagerProvider | 284 - org.opendaylight.nic.of renderer
- 1.1.3.SNAPSHOT | OF Renderer Provider Session
Initiated
2016-05-23 12:46:32,794 | INFO | config-pusher |
ConfigPusherImpl | 122 -
org.opendaylight.controller.config-persister-impl -
0.4.3.SNAPSHOT | Successfully pushed configuration snapshot 91-
of-renderer.xml(odl-nic-renderer-of,odl-nic-renderer-of)
--[cut]--
```

3. 启动并运行拓扑。要确保 Mininet 拓扑，使用以下命令：

```
sudo mn --controller=remote,ip=<CONTROLLER_IP> --topo linear,2
--switch ovsk,protocols=OpenFlow13
--[cut]--
2016-05-23 13:10:47,002 | INFO | ofEntity-0 | OfEntityManager
| 261 - org.opendaylight.openflowplugin - 0.2.3.SNAPSHOT |
sendNodeAddedNotification: Node Added notification is sent for
ModelDrivenSwitch openflow:1
2016-05-23 13:10:47,006 | INFO | ofEntity-1 | OfEntityManager
| 261 - org.opendaylight.openflowplugin - 0.2.3.SNAPSHOT |
sendNodeAddedNotification: Node Added notification is sent for
ModelDrivenSwitch openflow:2
--[cut]--
```

4. 安装旨在允许从 h1 到 h2 的单向流，并使用其各自的 MAC 地址阻止从 h2 流向 h1：

```
intent:add -f ce:25:6a:e8:17:a9 -t 02:4d:f8:00:81:8e -a ALLOW
intent:add -f 02:4d:f8:00:81:8e -t ce:25:6a:e8:17:a9 -a BLOCK
```

5. 验证主机之间的连接：

```
--[cut]--
mininet> pingall
*** Ping: testing ping reachability
h1 -> h2
h2 -> X
```

```
*** Results: 50% dropped (1/2 received)
--[cut]--
```

这个结果意味着h2和h1之间ping不通了。

工作原理

odl-nic-console 启用 NIC 命令行功能。它提供了几个与意图交互的命令，例如添加、列表、显示、删除意图等。

使用 odl-nic-core-mdsal 功能，引入所有必须的依赖包，使 NIC 能够与 MD-SAL 进行通信。

使用 odl-nic-of-listeners 功能，引入必须的依赖包，使 NIC 能够监听网络事件。

使用 odl-nic-ren-renrer 功能，完成必要的设置，从而使 NIC 能够在 OpenFlow 交换机中呈现意图。一旦安装了新的意图，该模块将创建 OpenFlow 消息，并将其推送到 OpenFlow 交换机中。

MPLS 意图和标签管理

NIC 的映射服务应该使两个端点之间的意图的创建能够由 OpenFlow 渲染器处理。因此，此渲染器可以为 MPLS 端点节点生成推送或弹出标签的 OpenFlow 规则。一旦匹配 MPLS 标签，并与 IPv4 前缀匹配，转发到端口后，所有交换机使用 Dijkstra 算法形成端点之间的最短路径。

预备条件

为了确保端点之间的端到端连接，保护和故障转移机制在意图模型中添加了一些约束条件。这些限制旨在降低由于转发设备上的单个链路或端口断开事件而导致连接失败的风险。实施的限制条件如下。

- 保护约束：需要通过提供冗余路径来保护端到端的连接。
- 故障转移：使用不相交路径计算算法（如 Suurballe）提供备用的端到端路由。
- 快速重路由：通过 OF 组表功能在硬件转发设备中使用故障检测功能。

操作指南

执行以下步骤。

1. 启动 karaf，并安装相关功能：

```
karaf> feature:install odl-nic-core-mdsal odl-nic-listerners odl-nic-console
karaf> feature:install odl-dlux-all old-dlux-core odl-dlux-yangui odl-dlux-yangvisualizer
```

2. 启动 Mininet 拓扑，并在 DLUX 拓扑页面中验证节点和链路。

示例代码位于：

https://github.com/jgoodyear/OpenDaylightCookbook/tree/master/chapter9/chapter9-recipe2

使用文件 shortest_path.py 创建拓扑：

```
mn-controller=remote,ip=<controller_ip>--custom
shortest_path.py--topo shortest_path.py--switch
ovsk,protocols=OpenFlow13
```

3. 使用该文件更新具有所需信息的映射服务：mapping_service_config.json。

4. 使用 karaf 命令行或 RESTCONF 创建双向意向：

```
karaf>intent:add -f uva-t eur -a ALLOW
karaf>intent:add -f eur-t uva -a ALLOW
```

5. 如果将流正确地推送到形成最短路径的节点，可以通过在 mininet 上运行 Ovs 命令来验证流：

```
mininet> dpctl dump-flows
```

工作原理

文件 mapping_service_config.json 包含 JSON 格式的代码，用于为端点创建组。一旦这些端点映射到 NIC 上，就可以使用这些组创建意图。绑定 intent-listerners 将通知 of-renderer 创建这个意图，然后，of-renderer 将提取该端点的所有信息创建 OpenFlow 规则。这些与 MPLS 意图和标签管理步骤类似。

基于意图的通信重定向

为了使用意图进行简单的流量重定向，将创建一个由三台主机和一台 OpenFlow 交换机组成的简单拓扑。将使用 MAC 地址命令。

预备条件

示例代码位于：

https://github.com/jgoodyear/OpenDaylightCookbook/tree/master/chapter9/chapter9-recipe 3

演示需要一个OpenFlow开关。如果你没有，可以使用安装Ovs的Mininet-VM。

操作指南

执行以下步骤。

1. 使用 karaf 脚本启动 OpenDaylight 发行版。使用此客户端可以访问 Karaf CLI。
2. 在命令行中安装负责创建意图的功能，生成 OpenFlow 规则。
3. 使用 Mininet 运行拓扑，并检查与 OpenDaylight 控制器的连接。
4. 使用文件 redirect_test.py 启动 Mininet 拓扑：

```
sudo mn --controller=remote,ip=<controller-ip> --custom
redirect_test.py --topo mytopo
```

5. 使用以下命令检查所有节点是否是 mininet 控制台：

```
--[cut]--
mininet> net
h1 h1-eth0:s1-eth1
h2 h2-eth0:s1-eth2
h3 h3-eth0:s2-eth1
h4 h4-eth0:s2-eth2
h5 h5-eth0:s2-eth3
srvc1 srvc1-eth0:s3-eth3 srvc1-eth1:s4-eth3
s1 lo: s1-eth1:h1-eth0 s1-eth2:h2-eth0 s1-eth3:s2-eth4 s1-
```

```
eth4:s3-eth2
s2 lo: s2-eth1:h3-eth0 s2-eth2:h4-eth0 s2-eth3:h5-eth0 s2-
eth4:s1-eth3 s2-eth5:s4-eth1
s3 lo: s3-eth1:s4-eth2 s3-eth2:s1-eth4 s3-eth3:srvc1-eth0
s4 lo: s4-eth1:s2-eth5 s4-eth2:s3-eth1 s4-eth3:srvc1-eth1
c0
--[cut]--
```

6. 使用 `karaf` 脚本启动 OpenDaylight 发行版。使用该客户端可以访问 Karaf CLI，然后安装所有需要的功能：

```
--[cut]--
/bin karaf
feature:install odl-nic-core-mdsal odl-nic-console odl-nic-listeners
--[cut]--
```

7. 配置服务节点。所有的流量将被重定向到这个节点：

```
--[cut]--
mininet> srvc1 ip addr del 10.0.0.6/8 dev srvc1-eth0
mininet> srvc1 brctl addbr br0
mininet> srvc1 brctl addif br0 srvc1-eth0
mininet> srvc1 brctl addif br0 srvc1-eth1
mininet> srvc1 ifconfig br0 up
mininet> srvc1 tc qdisc add dev srvc1-eth1 root netem delay
200ms
--[cut]--
```

8. 现在使用 SFC API 配置服务，使用文件 `service_config.json`：

```
--[cut]--
curl -i -H "Content-Type: application/json" -H "Cache-Control:
no-cache" --data @service_config.json -X PUT --user admin:admin
http://localhost:8181/restconf/config/service-function:service-func
tions/
--[cut]--
```

9. 使用文件 `service_functions_config.json` 配置服务功能的所有交换机和端口信息：

```
--[cut]--
curl -i -H "Content-Type: application/json" -H "Cache-Control:
```

```
no-cache" --data @service_functions_config.json -X PUT --user
admin:admin
http://localhost:8181/restconf/config/service-function-forwarde
r:service-function-forwarders/
--[cut]--
```

10．使用 Karaf CLI：

```
--[cut]--
intent:add -f 00:00:00:00:00:01 -t 00:00:00:00:00:05 -a
REDIRECT -s srvc1
--[cut]--
```

11．现在，h1 应该能 ping 到 h5，如果它在意图创建后正常工作，则意味着 h1 和 h5 之间的所有流量都被重定向到 srvc1：

```
--[cut]--
mininet> h1 ping h5
PING 10.0.0.5 (10.0.0.5) 56(84) bytes of data.
64 bytes from 10.0.0.5: icmp_seq=2 ttl=64 time=201 ms
64 bytes from 10.0.0.5: icmp_seq=3 ttl=64 time=200 ms
64 bytes from 10.0.0.5: icmp_seq=4 ttl=64 time=200 ms
--[cut]--
```

工作原理

主机 srvc1 是为模拟与服务类似的行为而创建的。它将用于接收所有重定向的数据包。在创建意图之前，必须使用 REST API 来描述当前拓扑。在这个例子中，有两个不同的 VLAN（100 和 200）。在第 9 步，正在为服务 srvc1 定义出口和入口服务功能数据平面。在 NIC 上创建一个使用服务 srvc1 的意图。在步骤 11 中，使用参数-s 跟随服务（本例中为 srvc1）的 h1 和 h5。一旦意图被创建，h1 和 h5 之间的所有流量将以 200 ms 重定向到 srvc1。

端到端意图

为了确保使用意图（Intent）的两个节点之间的连通性，将创建一个由两台主机和一个 OpenFlow 交换机组成的简单拓扑。可以使用端点组创建命令。

预备条件

本小节需要一个 OpenFlow 开关。如果你没有，可以使用安装了 OvS 的 Mininet-VM。从以下网站下载：

https://github.com/mininet/mininet/wiki/Mininet-VM-Images。

任何版本都可以工作。

下面将使用带有 OvS 2.3.2 的 Mininet-VM 进行介绍。

示例代码如下：

https://github.com/jgoodyear/OpenDaylightCookbook/tree/master/chapter1

操作指南

执行以下步骤。

1. 使用 karaf 脚本启动 OpenDaylight 发行版。使用此客户端可以访问 Karaf CLI：

```
$ ./bin/karaf
```

2. 安装面向用户的功能，负责提供连接 OpenFlow 交换机所需的依赖包：

```
opendaylight-user@root>feature:install odl-nic-core-mdsal odl-nic-
console odl-nic-renderer-of
```

需要几分钟才能完成安装。

要确保安装成功完成，请使用以下命令检查日志：

```
opendaylight-user@root>log:tail
--[cut]--
of-renderer - 1.1.3.SNAPSHOT | Creating Open flow renderer
2016-05-23 12:46:32,725 | INFO | config-pusher |
OFRendererFlowManagerProvider | 284 - org.opendaylight.nic.of-rende
rer - 1.1.3.SNAPSHOT | OF Renderer Provider Session
Initiated
2016-05-23 12:46:32,794 | INFO | config-pusher |
ConfigPusherImpl | 122 - org.opendaylight.controller.config-persister-
impl - 0.4.3.SNAPSHOT | Successfully pushed
configuration snapshot 91-of-renderer.xml(odl-nic-renderer-of,
odl-nic-renderer-of)
--[cut]--
mininet> pingall
```

```
*** Ping: testing ping reachability
h1 -> h2
h2 -> h1
*** Results: 0% dropped (2/2 received)
--[cut]--
```

3．启动并运行拓扑。要确保 Mininet 拓扑结构是成功创建的，请使用以下命令：

```
sudo mn --controller=remote,ip=<CONTROLLER_IP> --topo linear,2
--switch ovsk,protocols=OpenFlow13
--[cut]--
2016-05-23 13:10:47,002 | INFO | ofEntity-0 | OfEntityManager
| 261 - org.opendaylight.openflowplugin - 0.2.3.SNAPSHOT |
sendNodeAddedNotification: Node Added notification is sent for
ModelDrivenSwitch openflow:1
2016-05-23 13:10:47,006 | INFO | ofEntity-1 | OfEntityManager
| 261 - org.opendaylight.openflowplugin - 0.2.3.SNAPSHOT |
sendNodeAddedNotification: Node Added notification is sent for
ModelDrivenSwitch openflow:2
--[cut]--
```

4．映射端点组：

```
opendaylight-user@root>intent:map --add-key developers --value
"MAC => 00:00:00:00:00:01"
developers = [[ {MAC=00:00:00:00:00:01} ]]
opendaylight-user@root>intent:map --add-key hr --value "MAC =>
00:00:00:00:00:02"
developers = [[ {MAC=00:00:00:00:00:01} ]]
hr = [[ {MAC=00:00:00:00:00:02} ]]
```

5．安装旨在允许从 `h1` 到 `h2` 的单向流，并使用它们各自的 MAC 地址阻止从 `h2` 到 `h1` 的流：

```
opendaylight-user@root>intent:add -f developers -t hr -a ALLOW
Intent created (id: 2df29b4f-217a-4633-9461-3230c35647be)
opendaylight-user@root>intent:add -f hr -t developers -a ALLOW
Intent created (id: 1dc6e387-d7e9-40c0-ae31-637cc5b1f2e5)
```

6．验证主机之间的连接：

```
--[cut]--
```

```
mininet> pingall
*** Ping: testing ping reachability
h1 -> h2
h2 -> h1
*** Results: 0% dropped (2/2 received)
--[cut]--
```

工作原理

odl-nic-console 功能启用 NIC 命令行功能。它提供了几个与意图交互的命令。例如，添加、列表、显示、删除意图等。

odl-nic-core-mdsal 功能使 NIC 能够与 OpenDaylight 的 MDSAL 进行通信。

监听器功能使 NIC 能够监听网络事件。

odl-nic-of-renderer 功能使 NIC 能够在 OpenFlow 交换机中呈现意图。

一旦安装了新的意图，该模块将创建 OpenFlow 消息，并将其推送到 OpenFlow 交换机中。

例如，intent:add -f 02:4d:f8:00:81:8e -t 02:4d:f8:00:81:8e-a ALLOW。

我们正在创建一个意图，其中，参数-f：定义源设备（from）；-t：定义目标设备（to）；-a 定义此意图的操作。换句话说，添加一个新的意图允许源 MAC 地址 02:4d:f8:00:81:8e 和目标 MAC 地址 02:4d:f8:00:81:8e 的流量。

创建意图后，odl-nic-feature 将把这个意图发送到 odl-nic-of-renderer 组件，提取所有需要的信息组成 OpenFlow 规则，并将其发送到交换机。

NIC 和 OpenStack 集成

为了介绍 NIC 项目如何与 OpenStack 集成，必须先设置 OpenStack 环境，使用 VirtualBox 4.3+（最好是 4 核、32 GB NIC 接口），在 VM 上安装 Ubuntu 服务器 14.04+。

预备条件

一旦在机器上安装了 OpenStack，并安装了 VirtualBox，就可以开始配置了。

操作指南

执行以下步骤。

1. 安装 Ubuntu 14.04+服务器。

2. 为两个 NIC 接口配置 IP 地址和网关。一个接口应该是 NAT 地址，而另一个接口应该连接在主机的适配器上，并与主机位于同一网络中。

3. 配置所需的环境变量和代理：

```
--[cut]--
export http_proxy= {YOUR_HTTP_PROXY}
export https_proxy= {YOUR_HTTP_PROXY}
export ftp_proxy= {YOUR_FTP_PROXY}
export no_proxy=localhost,127.0.0.1,{IP of host}
--[cut]--
```

4. 使用代理信息更新/etc/apt/apt.conf 文件：

```
--[cut]--
Acquire::http::proxy "YOUR_PROXY";
--[cut]--
```

5. 更新 apt 存储库：

```
--[cut]--
# apt-get update
--[cut]--
```

6. 安装 Git：

```
--[cut]--
# apt-get install git
--[cut]--
```

7. 克隆 OpenStack 存储库：

```
--[cut]--
git clone https://git.openstack.org/openstack-dev/devstack -b
stable/liberty
--[cut]--
```

8. 在 stackrc 文件中将 GIT_BASE 变量更改为 https：

```
--[cut]--
GIT_BASE=${GIT_BASE:-https://git.openstack.org}
```

```
--[cut]--
```

9. 使用以下内容在～/ devsctack 目录中创建 local.conf 文件。

10. 使用以下链接上的 local.conf 文件：

https://github.com/jgoodyear/OpenDaylightCookbook/tree/master/chapter9/chapter9-recipe6

11. 根据设置修改 local.conf 的字段：

```
--[cut]--
HOST_IP= {YOUR_NAT_IP}
HOST_NAME= {YOUR_HOST_NAME}
ODL_MGR_IP= {HOST_ONLY_IP}
--[cut]--
```

12. 运行 stack.sh 脚本。通过在 local.conf 中更改以下值来锁定使用的堆栈存储库：

```
--[cut]--
OFFLINE=True
RECLONE=no
--[cut]--
```

13. 如果没有看到 br-int 界面或需要很长时间导入，请手动添加网桥，并设置其控制器：

```
--[cut]--
sudo ovs-vsctl add-br br-int
sudo ovs-vsctl set-controller br-int tcp:192.168.56.1:6653
--[cut]--
```

可以验证是否设置了管理员，并使用以下方法检查流程：

```
--[cut]--
sudo ovs-vsctl show
sudo ovs-ofctl dump-flows br-int -O Openflow13
--[cut]--
```

14. 一旦正确运行堆栈，将能够登录到 OpenStack 仪表板。

15. 在主机内部运行用于网卡（./karaf clean）的 Karaf 容器，并按照相应的顺序安装以下功能：

```
--[cut]--
feature:install odl-neutron-serviceodl-nic-core-service-mdsal
```

```
odl-nic-console odl-nic-neutron-integration
--[cut]--
```

16. 使用导航到默认组的 OpenStack 实例仪表板创建安全规则：

```
--[cut]--
http://{YOUR_VM_NAT}:80/dashboard/project/access_and_security/
--[cut]--
```

17. 使用以下命令验证创建的 OpenFlow 规则：

```
--[cut]--
#ovs-ofctl dump-flows br-int
--[cut]--
```

工作原理

一旦配置了 OpenStack 环境，就可以使用 OpenStack 仪表板创建策略。遵循以上描述的步骤，将通过 Open vSwitch 端口 `brint` 将 OpenDaylight 控制器与 OpenStack 集成。在使用 OpenStack 仪表板创建安全规则后，意图监听器模块将创建意图，并将意图发送到 `of-renderer`。一旦 `of-renderer` 模块接收到来自 OpenStack 仪表板的这个意图，将在 Open vSwitch 上创建一些新的 OpenFlow 规则。

基于意图的 QoS 操作

QoS 属性映射支持 DiffServ。它在 IP 报头中的 8 位差分服务字段（DS 字段）中使用 6 位差分服务代码点（DSCP）。

预备条件

QoS 属性映射功能简介：

1. 配置 QoS 文件，包含配置文件名和 DSCP 值；
2. 当数据包从源传输到目标时，流构建器将评估传输的数据包是否与流中的操作和端点等条件匹配；
3. 如果数据包与端点匹配，流构建器会应用流匹配操作和 DSCP 值。

启动 Mininet，并在其中创建三个开关（`s1`，`s2` 和 `s3`）和四个主机（`h1`，`h2`，

h3 和 h4）:

```
sudo mn --mac --topo tree,2 --
controller=remote,ip=192.168.0.100,port=6633
```

根据环境，将 192.168.0.100 替换为 OpenDaylight 控制器的 IP 地址。

可以通过在 mininet 控制台中执行 net 命令来检查创建的拓扑：

```
mininet> net
h1 h1-eth0:s2-eth1
h2 h2-eth0:s2-eth2
h3 h3-eth0:s3-eth1
h4 h4-eth0:s3-eth2
s1 lo: s1-eth1:s2-eth3 s1-eth2:s3-eth3
s2 lo: s2-eth1:h1-eth0 s2-eth2:h2-eth0 s2-eth3:s1-eth1
s3 lo: s3-eth1:h3-eth0 s3-eth2:h4-eth0 s3-eth3:s1-eth2
```

- 运行 karaf：

```
--[cut]--
./bin/karaf
--[cut]--
```

- 启动控制台后，键入以下内容安装功能：

```
--[cut]--
feature:install odl-nic-core-mdsal odl-nic-console odl-nic-listeners
--[cut]--
```

操作指南 ●●●●

执行以下步骤。

- 应用 QoS 约束，配置 QoS 文件：

```
--[cut]--
Intent:qosConfig -p <qos_profile_name> -d <valid_dscp_valud>
--[cut]--
```

例如：

```
--[cut]--
Intent:qosConfig -p High_Quality -d 46
--[cut]--
```

有效的 DSCP 值范围为 0～63。

为两台主机（h1 和 h3）配置网络，通过执行以下 CLI 命令添加允许双向流量的意图。

通过约束 QoS 和配置 QoS 文件名演示 ALLOW 操作：

```
--[cut]--
Intent:add -f <SOURCE_MAC> -t <DESTINATION_MAC> -a ALLOW -q QOS
-p <qos_profile_name>
--[cut]--
```

例如：

```
--[cut]--
Intent:add -f 00:00:00:00:00:01 -t 00:00:00:00:00:02 -a ALLOW -
q QOS -p High_Quality
--[cut]--
```

验证

- 由于已经应用了 ALLOW 动作，现在可以在主机 h1 和 h3 之间 ping 通：

```
--[cut]--
mininet> h1 ping h3
PING 10.0.0.3 (10.0.0.3) 56(84) bytes of data.
64 bytes from 10.0.0.3: icmp_req=1 ttl=64 time=0.984 ms
64 bytes from 10.0.0.3: icmp_req=2 ttl=64 time=0.110 ms
64 bytes from 10.0.0.3: icmp_req=3 ttl=64 time=0.098 ms
--[cut]--
```

- 验证流并确保 mod_nw_tos 是操作的一部分：

```
--[cut]--
mininet> dpctl dump-flows
*** s1 -----------------------------------------------------
----------------
NXST_FLOW reply (xid=0x4):
cookie=0x0, duration=21.873s, table=0, n_packets=3,
n_bytes=294, idle_age=21,
priority=9000,dl_src=00:00:00:00:00:03,dl_dst=00:00:00:00:00:01
```

```
actions=NORMAL,mod_nw_tos:184
cookie=0x0, duration=41.252s, table=0, n_packets=3,
n_bytes=294, idle_age=41,
priority=9000,dl_src=00:00:00:00:00:01,dl_dst=00:00:00:00:00:03
actions=NORMAL,mod_nw_tos:184
--[cut]--
```

工作原理

当使用参数-d 46 定义 QoS 约束时，这意味着组成该意向的所有规则将包含一个字段 mod_nw_tos: 184。值 46 定义了正在创建的规则以执行广播视频 QoS，该值可能会根据所需的服务（0～63）而有所不同。要使用定义的 QoS 约束，必须创建一个新的意图，允许 QoS 约束设备之间的所有流量，因此，一旦使用参数-q 创建新意图的约束，就意味着将发送到设备的包标记成一个 DSCP 值。

使用 NIC 的 LOG 操作

本小节将介绍如何在 of-renderer 模块中使用 LOG 操作。它启用两台主机之间的通信，并记录特定流量的统计信息。

预备条件

配置 Mininet 拓扑，在机器上编译 NIC 版本。

操作指南

用三台主机启动 Mininet 网络，然后创建允许两个节点之间的流量，设置 LOG 的意图。创建两个允许双向流量的意图。

1. 启动 Karaf。

```
--[cut]--
./karaf clean
--[cut]--
```

2. 创建一个新的意图，允许两个端点之间的双向流量：

```
--[cut]--
```

```
karaf> intent:add -f 00:00:00:00:00:01 -t 00:00:00:00:00:03 -a
ALLOW
karaf> intent:add -f 00:00:00:00:00:03 -t 00:00:00:00:00:01 -a
ALLOW
--[cut]--
```

3. 创建一个新的意图，记录这两个端点之间的所有活动：

```
--[cut]--
karaf> intent:add -f 00:00:00:00:00:01 -t 00:00:00:00:00:03 -a
LOG
--[cut]--
```

4. 验证两者之间的通信：

```
--[cut]--
mininet> h1 ping h3 PING 10.0.0.3 (10.0.0.3) 56(84) bytes of
data.
64 bytes from 10.0.0.3: icmp_req=1 ttl=64 time=0.104 ms
64 bytes from 10.0.0.3: icmp_req=2 ttl=64 time=0.110 ms
64 bytes from 10.0.0.3: icmp_req=3 ttl=64 time=0.104 ms
--[cut]--
```

5. 查看 Karaf 日志中的流量，统计日志详细信息：

```
--[cut]--
2016-08-29 23:12:40,256 | INFO | lt-dispatcher-22 |
IntentFlowManager | 264 - org.opendaylight.nic.of-renderer -
1.1.0.SNAPSHOT | Creating block intent for endpoints:
source00:00:00:00:00:01 destination 00:00:00:00:00:03
2016-08-29 23:12:40,252 | INFO | lt-dispatcher-25 |
FlowStatisticsListener | 264 - org.opendaylight.nic.of-renderer
- 1.1.0.SNAPSHOT | Flow Statistics gathering for Byte
Count:Counter64 [_value=238]
2016-08-29 23:12:40,252 | INFO | lt-dispatcher-26 |
FlowStatisticsListener | 264 - org.opendaylight.nic.of-renderer
- 1.1.0.SNAPSHOT | Flow Statistics gathering for Packet
Count:Counter64 [_value=3]
--[cut]--
```

工作原理

需要一些初始规则来确保所有节点之间的连接接到拓扑，这些规则将启用主机之间的双向通信。因此，必须创建两个意图打开某些端点的双向流量。在这种情况下，使用 h1 和 h3，并且在创建意图之后，在两者之间建立连接。在这种情况下，一些事件可能会显示在 Karaf 的日志中，只是创建一个新的意图作为行动。of-renderer 模块将收到此意图，并提取需要的信息，使用一些流量统计工具来监视两者之间的流量。

使用 NIC 的 VTN 渲染器

本节将介绍 VTN 如何使用 NIC 项目上的意图，根据指定的流条件允许或阻塞流量的数据包。

预备条件

配置 Mininet 拓扑，并在机器上编译 NIC 版本。

工作原理

执行以下步骤。

1. 至少使用三台主机启动 Mininet 拓扑。

对于这个例子，将创建一个包含三台交换机和三台主机的拓扑，并使用 VTN 渲染器创建一条允许规则，然后更新意图以限制两者之间的流量。

2. 执行 Mininet 拓扑：

```
--[cut]--
$ mininet@admin:~$ sudo mn -controller=remote
,ip=<controller_ip> --topo tree,2
--[cut]--
```

3. 启动 karaf：

```
--[cut]--
./karaf clean
```

```
--[cut]--
```

4. 安装 NIC 功能：

```
--[cut]--
karaf> feature: install odl-nic-core-mdsal odl-nic-renderer-vtn
--[cut]--
```

5. 使用 REST API 创建意图：

```
--[cut]--
./provision_h1_and_h2.sh <your_controller_ip>
./provision_h2_and_h3.sh <your_controller_Ip>
--[cut]--
```

6. 验证所有主机之间的连接：

```
--[cut]--
mininet> pingall
Ping: testing ping reachability
h1 -> h2 X X
h2 -> h1 h3 X
h3 -> X h2 X
h4 -> X X X
--[cut]--
```

7. 更新意图以限制 `h1` 和 `h2` 之间的流量：

```
--[cut]--
./update_h1_and_h2.sh <your_controller_ip>
--[cut]--
```

8. 验证所有主机之间的连接：

```
--[cut]--
mininet> pingall
Ping: testing ping reachability
h1 -> X X X
h2 -> X h3 X
h3 -> X h2 X
h4 -> X X X
--[cut]--
```

工作原理

当前的 NIC 版本仅支持一个渲染器。一旦定义了 VTN 渲染器，将用于渲染所有意图，必须使用 REST API 提供所需的网络状态。在第 4 步中，使用 REST API 创建新的意图。在这种情况下，`intent-impl` 模块将转换给定意图中的参数。这个意图将被发送到 `vtn-renderer` 模块，该模块会根据端点名称和意图提取需要的信息，创建 OpenFlow 规则。每个 `Subject` 对象代表一个端点名，命令将定义每个意图的起源和目的。

自定义 OpenDaylight 容器

在本章中，我们将介绍：

- 重新配置 SSH 访问 OpenDaylight；
- 开发 OpenDaylight；
- 自定义 OpenDaylight 存储库；
- 定制启动应用程序；
- 安装 OpenDaylight；
- 使用 Maven 模板，创建自定义 OpenDaylight 命令；
- 使用功能部署应用程序；
- 使用 JMX 监视和管理 OpenDaylight；
- 设置 Apache Karaf Decanter 来监控 OpenDaylight。

内容概要

网络工程师经常会提到开箱即用这个词，OpenDaylight 可以提供部署应用程序所需的功能和工具。实际应用中，许多开发人员需要定制 OpenDaylight 容器。

本章主要帮助网络工程师、系统构建者和集成商掌握如何自定义 OpenDaylight 容器。

> 这是 OpenDaylight 及其基于 Apache Karaf 容器的新功能吗？
> 希望对 OpenDaylight 基于 OSGi 的模块化体系结构和底层技术有更深入了解的读者，请参阅由 Jamie Goodyear、Johan Edstrom、Heath Kesler 和 Achim Nierbeck 编写的 Packt Publishing 出版的图书：*Instant OSGi Starter*、*Learning Apache Karaf* 和 *Apache Karaf Cookbook*。

重新配置 SSH 访问 OpenDaylight

通过本地控制台，使用 OpenDaylight 可以为用户提供超越 OSGi 容器的命令和控制功能。OpenDaylight 基于 SSH 控制台的远程连接将此体验扩展到远程终端，并为系统构建者提供了进一步加强其系统安全性的机会。在本节中，将介绍如何更改 OpenDaylight 的默认远程连接参数。

预备条件

OpenDaylight 发行版、JDK 和一个源代码编辑器。配置实例可在以下位置获得：

https://github.com/jgoodyear/OpenDaylightCookbook/tree/master/chapter10/chapter10-recipe1

操作指南

重新配置 OpenDaylight 的 SSH 访问过程有两步：编辑 shell 配置，重新启动 OpenDaylight。步骤如下。

1. 编辑 shell 配置。

OpenDaylight 附带一个默认的 shell 配置文件。作为安全防范措施，编辑 `etc/org.apache.karaf.shell.cfg` 中的 sshPort 和 sshHost 指向非默认端口：

```
#
# Via sshPort and sshHost you define the address you can login
into Karaf.
#
sshPort = 8102
sshHost = 192.168.1.110
```

在前面的配置实例中，定义了将要访问 8102 的 SSH 访问端口，并将 SSH 主机设置为主机的 IP 地址（默认值 0.0.0.0 表示 SSHD 服务绑定到所有网络接口）。限制访问特定的网络接口有助于减少不必要的访问。

2. 重新启动 OpenDaylight。

编辑配置后，必须重新启动 OpenDaylight。

重新启动后，将能够使用 SSH 的客户端连接到 OpenDaylight：

```
ssh -p 8102 karaf@192.168.1.110
```

连接后，系统会提示输入密码。

工作原理

启动时，Apache Karaf 将读取 SSH 配置，根据属性值设置其运行时的绑定配置。由于属性文件位于 etc 文件夹中，Apache Karaf 中的配置管理服务将监视其值的更改——此文件中的更改将在运行时生效。

更多信息

更改默认的远程访问配置有利于增强安全性能。与此同时，系统构建者也应该考虑更改 users.properties 中默认的 OpenDaylight 用户名/密码组合。你也可以通过生成服务器 SSH 密钥文件以简化远程访问。

更多信息可以参阅以下文档：

http://karaf.apache.org/manual/latest

开发 OpenDaylight

OpenDaylight 的核心是一个重新命名的 Apache Karaf 3.0 服务器。Karaf 已经使自定义 OpenDaylight 简单易行。下面，让我们创建自定义的 OpenDaylight。

预备条件

需要 OpenDaylight 发行版、JDK 访问权限、Maven 和源代码编辑器。示例代码位于：

https://github.com/jgoodyear/OpenDaylightCookbook/tree/master/chapter10/chapter10-recipe2

操作指南

自定义 Apache Karaf 需要五步：生成基于 Maven 的项目结构，向 pom 添加资源指令，配置打包编译参数，创建自定义的资源文件，然后构建并将其部署到 Karaf。

具体步骤如下。

1．生成一个基于 Maven 的项目结构。

只需要创建 Maven pom 文件，并将其打包、编译。

2．将资源指令添加到 pom 编译文件。

在 pom 文件中，在 `build` 部分添加资源指令：

```
<resource>
  <directory>
    ${project.basedir}/src/main/resources
  </directory>
  <filtering>true</filtering>
  <includes>
    <include>**/*</include>
  </includes>
</resource>
```

在 `build` 中添加一个资源指令，指示 Maven 处理资源文件夹的内容，过滤所有通配符，并将结果打包。

3．配置打包编译参数。

接下来，配置 Maven Bundle 插件：

```
<configuration>
  <instructions>
  <Bundle-SymbolicName>
    ${project.artifactId}
  </Bundle-SymbolicName>
<Import-Package>*</Import-Package>
<Private-Package>!*</Private-Package>
  <Export-Package>
    org.apache.karaf.branding
```

```
    </Export-Package>
    <Spring-Context>
      *;publish-context:=false
    </Spring-Context>
    </instructions>
  </configuration>
```

Maven Bundle 插件配置：将 `Bundle-SymbolicName` 导出为 `artifactId`，将 `Export-Package` 设置为 `org.apache.karaf.branding`。设定 `artifactId` 的名称。Karaf branding package 的设定则是为了方便 Karaf 运行时识别包，自定义 OpenDaylight。

4. 创建自定义的资源文件。

回到我们的项目中，在 `src/main/resource/org/apache/karaf/branding` 中创建一个 branding.properties 文件。这个属性文件包含 ASCII 和 Jansi（Jansi 是一个使用 ANSI 转义序列的小型库）文本字符，用于自定义外观。通过使用 Maven，可以完成 `${variable}`格式的变量替换：

```
##
welcome = \
\u001B[33m\u001B[0m\n\
\u001B[33m       ___ ____ _ \u001B[0m\n\
\u001B[33m      / _ \\| _ \\| | \u001B[0m\n\
\u001B[33m      | | | | | | | | \u001B[0m\n\
\u001B[33m      | |_| | |_| | |___ \u001B[0m\n\
\u001B[33m      \\___/|____/|_____| \u001B[0m\n\
\u001B[33m                         \u001B[0m\n\
\u001B[33m   OpenDaylight Cookbook  \u001B[0m\n\
\u001B[33m Packt Publishing -
http://www.packtpub.com\u001B[0m\n\
\u001B[33m   (version ${project.version})\u001B[0m\n\
\u001B[33m\u001B[0m\n\
\u001B[33mHit '\u001B[1m<tab>\u001B[0m' for a list of available
commands\u001B[0m\n\
\u001B[33mand '\u001B[1m[cmd] --help\u001B[0m' for help on a
specific command.\u001B[0m\n\
\u001B[33mHit '\u001B[1m<ctrl-d>\u001B[0m' or
```

```
    '\u001B[1mosgi:shutdown\u001B[0m' to shutdown\u001B[0m\n\
    \u001B[33m\u001B[0m\n\
```

在前面的实例中，使用了ASCII字符和Jansi文本标记组合来实现简单的文本效果：

```
bin — OpenDaylight — java -Djava.security.properties=/Users/jgoodyear/Docu...
Cyberman:bin jgoodyear$ ./karaf

        OpenDaylight Cookbook
 Packt Publishing - http://www.packtpub.com
        (version 1.0.0-SNAPSHOT)

Hit '<tab>' for a list of available commands
and '[cmd] --help' for help on a specific command.
Hit '<ctrl-d>' or 'osgi:shutdown' to shutdown


karaf@root()>
```

Karaf将如前面的屏幕截图所示。

工作原理

在第一次启动时，Apache Karaf将检查 `lib` 文件夹中的软件包，导出 `org.apache.karaf.branding` 软件包。检测到此资源后，访问 `branding.properties` 内容，并将其显示为运行时启动例程的一部分。

自定义 OpenDaylight 存储库

OpenDaylight 使用 Maven 存储库集合来提供所需的库、框架和其他工件。为了便于访问组织资源，可以配置 OpenDaylight 以访问安装所需的存储库。

预备条件

包括 OpenDaylight 发行版、JDK、Maven 和一个源代码编辑器。配置实例可在以下位置获得：

`https://github.com/jgoodyear/OpenDaylightCookbook/tree/master/chapter10/chapter10-recipe3`

操作指南

OpenDaylight 在$ ODL_HOME/etc/org.ops4j.pax.url.mvn.cfg 中定义存储库。可以通过编辑属性 org.ops4j.pax.url.mvn.repositories 下的条目，根据需要添加或删除条目来定制存储库。

例如，要添加包含 SDN 工件的新存储库，编辑$ ODL_HOME/etc/org.ops4j.pax.url.mvn.cfg:

```
org.ops4j.pax.url.mvn.repositories= \
file:${karaf.home}/${karaf.default.repository}@id=system.repository, \
file:${karaf.data}/kar@id=kar.repository@multi, \
http://repo1.maven.org/maven2@id=central, \
http://repository.springsource.com/maven/bundles/release@id=spring.
ebr.release, \
http://repository.springsource.com/maven/bundles/external@id=spring.
ebr.ext
ernal, \
http://zodiac.springsource.com/maven/bundles/release@id=Gemini, \
http://www.sdnrepo.org/repo
```

一旦文件被更新，OpenDaylight 将更新其可用的存储库列表。

什么是快照存储库?

默认情况下，快照存储库被禁用。启用它们，需要将@snapshots 附加到存储库条目。详情可参阅:

```
http://www.sdnrepo.org/repo@snapshots
```

工作原理

OpenDaylight 使用 Maven URL 处理程序，该处理程序用于解析远程 Maven 存储库。该处理程序通过$ ODL_HOME/etc/org.ops4j.pax.url.mvn.cfg 中包含的属性进行配置。关键属性是 org.ops4j.pax.url.mvn.repositories，它设置了一个逗号分隔的远程存储库 URL 列表，当解析 Maven 构件时，容器将按发生顺序搜查。例如，当查找 org.foo.bar 捆绑包时，它会按照捆绑列表顺序排列已配置的存储库。在找到捆绑包（在指定的版本范围内）时，下载资源。

需要从本地 m2 存储库加载资源?

在$ ODL_HOME/etc/org.ops4j.pax.url.mvn.cfg 中注释以下内容:

```
    org.ops4j.pax.url.mvn.localRepository= $ {karaf.home}/$ {K
AR af.default.repository}。
```

这将允许 OpenDaylight Beryllium 或 Boron 从本地读取 m2 存储库。

更多信息

为 OpenDaylight 自定义可用存储库后,需要更新容器的初始启动应用程序。欲知更多信息,请阅读后续章节:定制启动应用程序。

定制启动应用程序

开箱即用,OpenDaylight 部署最小的运行环境。我们可以定制启动应用程序,以包含环境所需的应用程序。请参阅后续章节,获取有关 Apache Karaf 机制的更多信息。

预备条件

包括 OpenDaylight 发行版、JDK 访问权限、Maven 和源代码编辑器。实例配置可在以下位置获得:

https://github.com/jgoodyear/OpenDaylightCookbook/tree/master/chapter10/chapter10-recipe4

操作指南

维护启动应用程序需要关注$ ODL_HOME/etc/org.apache.karaf.features.cfg 中的 featuresBoot 属性,关注对象为逗号分隔的功能表。

可以通过控制台执行命令 featares:list 找到 OpenDaylight 容器中的可用功能列表。在自定义应用程序启动列表中,每一项对应一个功能。

例如,要将应用程序 foo 和 bar 添加到 OpenDaylight 容器的启动程序中,需要编辑$ ODL_HOME/etc/org.apache.karaf.features.cfg,如下所示:

```
#
# Comma separated list of features to install at startup
#
featuresBoot=config,standard,region,package,kar,ssh,management,foo,bar
```

通过上述更改，重新启动 OpenDaylight 后，foo 和 bar 将在初始引导过程中被加载。

foo 和 bar 必须在容器中可用，否则，OpenDaylight 将无法加载应用程序。配置你的功能存储库！定制启动功能时，必须确保目标功能在 featuresRepositories 属性列表中。

工作原理

OpenDaylight 将其启动应用程序定义为逗号分隔的属性列表$ ODL_HOME/etc/org.apache.karaf.features.cfg。这个列表在启动过程中被延迟处理；配置属性和核心容器包在应用程序之前将被初始化。

更多信息

更改启动应用程序可能需要更新 Maven 存储库和容器方面的知识。请参阅“自定义 OpenDaylight 存储库”相关文档，获取更多信息。

安装 OpenDaylight 服务

安装 OpenDaylight 时，希望它在主机平台（Windows 或 Linux 等）上作为系统服务运行。在本节内容中，将介绍如何设置 OpenDaylight 在系统启动时启动服务。

预备条件

OpenDaylight 发行版和一个源代码编辑器。可在以下位置获得配置实例：

https://github.com/jgoodyear/OpenDaylightCookbook/tree/master/chapter10/chapter10-recipe5

操作指南

安装 OpenDaylight 服务需要三步：安装 service-wrapper 功能；安装 Wrapper 服务；执行一组与系统相关的操作，将 OpenDaylight 作为服务集成到主机操作系统中（与主机操作系统集成）。步骤如下。

1. 安装 service-wrapper 功能。

OpenDaylight 利用 service-wrapper 功能收集主机操作环境部署所需的资源。调用以下命令开始安装：

```
opendaylight-user@root()> feature:install service-wrapper
```

service-wrapper 功能 URL 默认包含在 Karaf 中，所以，不需要额外的步骤使其在 OpenDaylight 中生效。

2. 安装 Wrapper 服务。

现在，必须指示 Wrapper 配置和安装相应的服务脚本和资源：

```
opendaylight-user@root()> wrapper:install -s AUTO_START -n OD-LBE
-D "OpenDaylight Cookbook"
```

Wrapper:install 包括三个参数：-s 表示启动模式，-n 表示服务名称，-D 表示服务描述。启动模式可以是两个选项之一：AUTO_START，在启动时自动启动服务；DEMAND_START，仅在手动启动时启动。服务名称用作主机服务注册表中的标识符。描述为系统管理员提供了 OpenDaylight 安装的简要说明。执行安装命令后，OpenDaylight 控制台将显示包装程序生成的库、脚本和配置文件。需要退出 OpenDaylight 才能继续安装。

3. 与主机操作系统集成。

这一步将需要管理员权限来执行生成的 OpenDaylight service-wrapper 安装脚本。

Windows：

```
C:> C:\Path\To\distribution-karaf-0.4.0-Beryllium\bin\ODL-BE-servic
e.bat install
```

将本地服务安装到 Windows 中：

```
C:> net start "ODL-BE"
C:> net stop "ODL-BE"
```

net 命令允许管理员启动或停止 OpenDaylight 服务。

集成根据 Linux 版本情况而有所不同，以下命令可用于 Debian/Ubuntu 系统：

```
jgoodyear@ubuntu1404:~$ ln -s /Path/To/distribution-karaf-
0.4.0-Beryllium /bin/ODL-BE-service /etc/init.d
jgoodyear@ubuntu1404:~$ update-rc.d ODL-BE-service defaults
jgoodyear@ubuntu1404:~$ /etc/init.d/ODL-BE-service start
jgoodyear@ubuntu1404:~$ /etc/init.d/ODL-BE-service stop
```

第一个命令创建了一个OpenDaylight的bin文件夹到init.d的目录链接，然后更新启动脚本，使其包含OpenDaylight服务，以在启动过程中自动启动OpenDaylight服务。剩下的两个命令可以用来手动启动或停止OpenDaylight服务。

工作原理

service-wrapper 功能将 OpenDaylight 集成到主机操作系统服务机制中。这意味着无论是在基于 Windows 还是基于 Linux 的操作系统上，OpenDaylight 都将利用可用的故障检测系统检测崩溃、冻结、内存不足或其他类似事件，并自动尝试重新启动 OpenDaylight。

安装到容器的 service-wrapper 功能实际上是将安装程序安装到 service-wrapper。Wrapper:install 控制台命令将 OpenDaylight（Apache Karaf）注册为系统服务/守护程序。

更多信息

将 OpenDaylight 安装到系统后，将在$ODL_HOME/etc 中创建一个名为 ODL-BE-wrapper.conf（假定服务名称为 ODL-BE）的 wrapper 配置文件。编辑这个文件，可以更改系统变量，并调整 OpenDaylight 的 JVM。

有关安装和调整 Apache Karaf 作为系统服务的更多信息，请参阅：

http://karaf.apache.org/manual/latest-3.0.x/#_integration_in_the_operating_system_the_service_wrapper

使用 Maven 模板，开发 OpenDaylight 命令

OpenDaylight 的 Karaf 控制台提供了许多用于与 OSGi 运行时交互及管理已部署应用程序的有用命令。实际应用中，可能需要开发自定义命令，这些命令可直接与 Karaf 集成，以便自动执行任务或与应用程序直接交互。

自定义的 Karaf 命令可以作为控制台的集成组件在容器中执行：

```
bin — java -Djava.security.properties=/Users/jgoodyear/Documents/Packt/OpenDaylight-Cookbook/ODL-BE/distribution-karaf-0.4.0-B...
java -Djava.security.properties=/Use...karaf.jar org.apache.karaf.main.Main    ...OpenDaylightCookbook/chapter10/chapter10-recipe6/command — -bash
Cyberman:bin jgoodyear$ ./karaf
Java HotSpot(TM) 64-Bit Server VM warning: ignoring option MaxPermSize=512m; support was removed in
 8.0

Hit '<tab>' for a list of available commands
and '[cmd] --help' for help on a specific command.
Hit '<ctrl-d>' or type 'system:shutdown' or 'logout' to shutdown OpenDaylight.

opendaylight-user@root>install -s mvn:com.packt/odl-be-command/1.0.0-SNAPSHOT
Bundle ID: 64
opendaylight-user@root>cookbook:sample -o 4 test
Executing command sample
Option: 4
Argument: test
opendaylight-user@root>
```

前面的截图标明了应用宝典（Cookbook）命令接受的选项标志和参数。下面，我们尝试构建自己的命令。

预备条件

OpenDaylight 发行版、JDK 访问权限、Maven 和源代码编辑器。示例代码如下：

https://github.com/jgoodyear/OpenDaylightCookbook/tree/master/chapter10/chapter10-recipe6

操作指南

开发命令需要三步：生成命令模板，自定义代码，在 Karaf 中构建和部署。

1．生成命令模板。

为了鼓励开发命令，社区提供了一个 Maven 生成 karaf 命令项目的模板：

```
mvn archetype:generate \
  -DarchetypeGroupId=org.apache.karaf.archetypes \
  -DarchetypeArtifactId=karaf-command-archetype \
  -DarchetypeVersion=3.0.4 \
  -DgroupId=com.packt.chapter1 \
  -DartifactId=command \
  -Dversion=1.0.0-SNAPSHOT \
  -Dpackage=com.packt
```

调用前面的模板，需要提供 Maven 项目组和命令名称。Maven 为命令生成一个模板。

2．自定义代码。

开发命令模板项目提供了 Maven pom 文件、blueprint 文件（在 src/main/resources/OSGI-INF/blueprint 中）和自定义命令文件（在 src/main/java/中）。根据需要，编辑这些文件以添加自定义操作。

3．在 Karaf 中构建并部署。

通过 Maven 调用 mvn install 构建命令。部署到 Karaf 只需要发布格式良好的安装命令；在 Karaf 控制台上调用 install -s mvn: groupId/artifactId。

```
opendaylight-user@root()> install -s mvn:com.packt/odl-becommand
Bundle ID: 68
opendaylight-user@root()>
```

设置 groupId = com.packt，artifactId = odl-be-command。

需要编辑$ODL_HOME/etc/org.ops4j.pax.url.mvn.cfg，并注释掉以下行：

```
    org.ops4j.pax.url.mvn.localRepository= $ {karaf.home}/$ {KARaf.default.repository}
```

这将允许 OpenDaylight Beryllium 或 Boron 从本地读取 m2 存储库。

工作原理

在开发命令时，使用 Maven 模板（Archetype）生成 pom 编译文件、Java 代码和 blueprint 文件。让我们来看看这些关键组件：生成的 pom 文件包含 karaf 命令所需的基本依赖项，并配置了 maven-bundle-plugin。编辑此文件，可以引入命令所需的其他库，并确保相应地更新包的编译参数。编译这个项目后，将会生成一个可以直接安装到 Karaf 的软件包。

在生成的 Java 源文件中记录自定义命令逻辑。该源文件将根据提供的命令名称命名。生成的命令扩展了 Karaf 的 `OSGICommandSupport` 类，它使我们可以访问底层命令会话和 OSGi 环境。代码的命令注释描述了运行范围、命令名称和功能。Karaf 提供参数和选项注释以简化添加命令行参数和选项处理。

blueprint 容器将命令接口与 Karaf 控制台中可用的命令连接起来。

有关扩展 Karaf 控制台的更多信息，请参阅：

`http://karaf.apache.org/manual/latest-3.0.x/#_extending`。

更多信息

由于 Apache Karaf 的 SSHD 服务和远程客户端的存在，开发命令可以用于为应用程序提供外部命令和控制能力。而这只需将命令和参数传递到远程客户端，监视返回的结果。

其他信息

开发命令是根据需求定制 Karaf 的一部分，那么，为什么不走得更远，定制 Karaf 呢？更多信息，参阅“开发 OpenDaylight”小节。

使用功能部署应用程序

系统构建者的一大麻烦是管理存储库位置、软件包、配置和其他工件的组装和部署。为了解决这个问题，Karaf 提出了功能（Feature）的概念。

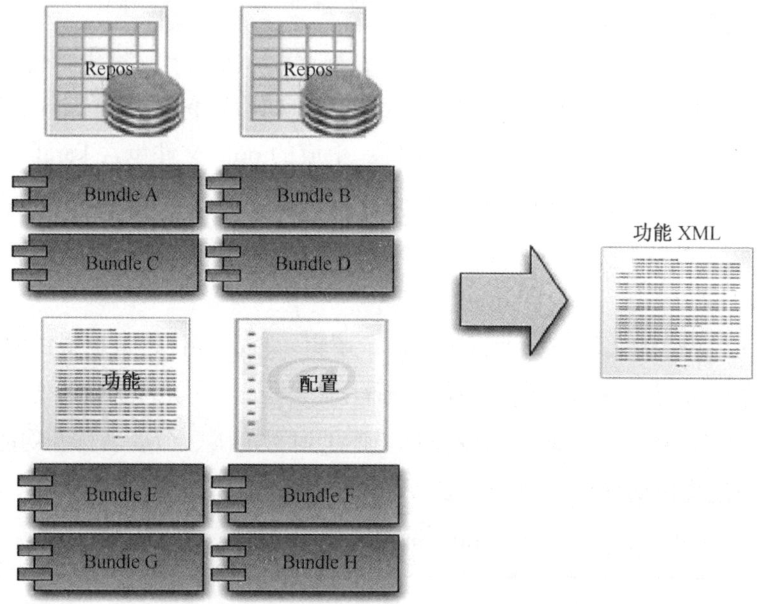

功能描述（Descriptor）是一个 XML 文件，描述了要一起安装到 Karaf 容器中的一组工件。在这一小节中，我们将学习如何将一个功能添加到 Karaf 中，然后将其用于安装捆绑（Bundle）软件。

预备条件

学习此小节内容，需要准备 OpenDaylight 发行版、JDK 访问权限、Maven 和一个源代码编辑器。示例代码位于：

`https://github.com/jgoodyear/OpenDaylightCookbook/tree/ master/chapter 10/chapter10-recipe7`。

操作指南

将应用程序部署为 Apache Karaf 功能需要四步：生成基于 Maven 的项目，编辑 pom 编译指令，添加 `features.xml` 资源，构建并部署到 Karaf 中。

1. 生成基于 Maven 的项目。

对于这部分内容，只需要创建 Maven pom 文件，打包，编译。

2. 编辑 pom 编译指令。

为 pom 编译部分添加一个资源指令，并且在插件列表中增加 `maven-resources-`

plugin 和 build-helper-maven-plugin 插件：

```
<resources>
    <resource>
        <directory>src/main/resources</directory>
        <filtering>true</filtering>
    </resource>
</resources>
```

资源指令记载了将要创建的要处理的功能文件的位置：

```
<plugin>
    <groupId>org.apache.maven.plugins</groupId>
    <artifactId>maven-resources-plugin</artifactId>
        <executions>
            <execution>
                <id>filter</id>
                <phase>generate-resources</phase>
                <goals>
                    <goal>resources</goal>
                </goals>
            </execution>
        </executions>
</plugin>
```

maven-resource-plugin 可以按以下实例配置：

```
<plugin>
    <groupId>org.codehaus.mojo</groupId>
    <artifactId>build-helper-maven-plugin</artifactId>
    <executions>
        <execution>
            <id>attach-artifacts</id>
            <phase>package</phase>
            <goals>
                <goal>attach-artifact</goal>
            </goals>
            <configuration>
                <artifacts>
```

```
                    <artifact>
                        <file>
${project.build.directory}/classes/${features.file}
                        </file>
                        <type>xml</type>
                        <classifier>features</classifier>
                    </artifact>
                </artifacts>
            </configuration>
        </execution>
    </executions>
</plugin>
```

最后，build-helper-maven-plugin 完成 features.xml 文件的编译。

3．添加 features.xml 资源。

添加一个名为 features.xml 的文件到 src/main/resources 文件夹中。细节如下：

```
<?xml version="1.0" encoding="UTF-8"?>
<features>
  <feature name='moduleA' version='${project.version}'>
<bundle>
  mvn:com.packt/opendaylight-moduleA/${project.version}
</bundle> </feature>
  <feature name='moduleB' version='${project.version}'>
    <bundle>
    mvn:com.packt/opendaylight-moduleB/${project.version}
    </bundle>
  </feature>
  <feature name='recipe4-all-modules'
  version='${project.version}'>
  <feature version='${project.version}'>moduleA</feature>
  <feature version='${project.version}'>moduleB</feature>
  </feature>
</features>
```

为每个功能命名，Karaf 将其用作安装指定功能配置中指定的每个元素的参考标识。新添加的功能可能会引用其他功能，从而需要监控安装过程。在前面的功能（Feature）文件中，可以看到 3 个功能：moduleA，moduleB，recipe4-all-modules（包含两个工程）。

> 如果需要包含不作为捆绑包提供的 JAR 包，可以尝试使用 wrap 协议提供 OSGi 清单头文件。
>
> 有关更多信息，参阅：
>
> https://ops4j1.jira.com/wiki/display/paxurl/Wrap+Protocol

4．构建和部署功能。

使用示例项目，通过执行 mvn install 来构建功能点。所有功能文件都执行变量替换，并将处理后的副本安装到本地 m2 存储库中。

为了使功能可用于 Karaf，添加功能文件后的 Maven 内容如下：

```
opendaylight-user@root()> feature:repo-add
mvn:com.packt/opendaylight-features-file/1.0.0-
SNAPSHOT/xml/features
```

现在，可以使用 Karaf 功能命令来安装模块 A 和模块 B：

```
opendaylight-user@root()> feature:install recipe4-all-modules
Apache Karaf starting moduleA bundle
Apache Karaf starting moduleB bundle
opendaylight-user@root()>
```

使用 feature:install 这种方式安装能够重复部署，并避免缺少组件的安装，却未被 OSGi 环境捕获（如果没有缺失依赖包，那么就容器而言，会提示安装一切正常）的异常。可以通过调用以下命令来验证安装功能：

```
opendaylight-user@root()> feature:list | grep -i "recipe"
```

观察新功能是否在检索结果清单里列出。

工作原理

当 Karaf 将功能描述当作一个包，部署或通过系统启动属性处理时，将会具有相同的处理和汇编功能：

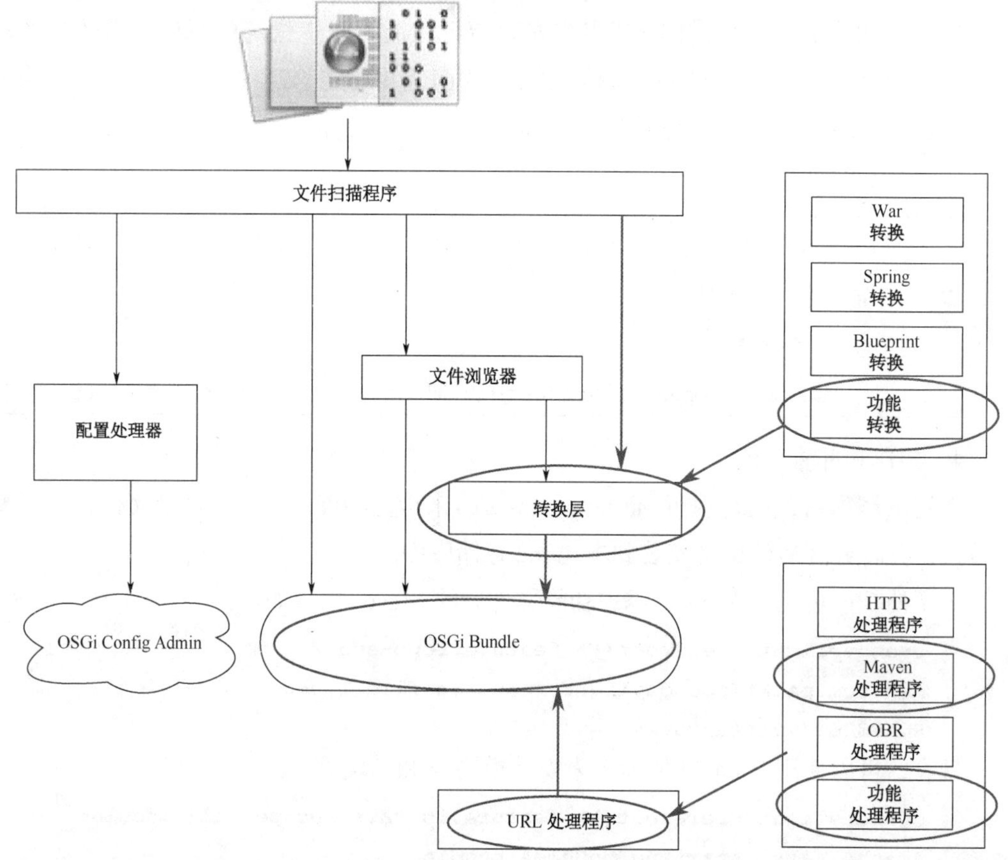

功能描述的调用被转换为要安装在 OSGi 容器中的工件列表（请参阅上图中的**转换层**）。在底层，功能中的单个元素用于获取相关处理程序（Bundle、JAR、配置文件等）。示例功能使用 Maven 获取包，Maven 处理程序将被调用来处理这些资源。如果指定了 HTTP URL，则会调用 HTTP 处理程序（请参见上图中的 **URL 处理程序**部分）。指定功能中的每个工件都将被安装，直到处理完整个列表。

更多信息

上述步骤介绍了为项目生成功能文件、自动过滤资源版本的方法。从 Apache Karaf 的角度看，它只是处理一个格式良好的功能点文件——因为这样可以手写文件，并将其直接部署到 Karaf 中。

功能文件可用于设置包起始级别的附加属性，标记依赖关系，或设置配置属性。欲了解更多信息，请访问 `http://karaf.apache.org/manual/latest-3.0.x/#_`

provisioning。

Karaf 功能文件的高级用例是构建 Karaf 存档或 KAR。KAR 文件是功能文件的处理形式，将所有必须工件收集到单个可部署的表单中。当 Karaf 实例无法访问远程存储库时，此存档非常适合部署，因为所有必需资源都被打包在 KAR 中。

使用 JMX 监视和管理 OpenDaylight

通常情况下，OpenDaylight 通过 JMX 进行管理。然而，网络工程师经常需要调整默认配置以将其部署集成到网络。本节将介绍如何更改配置。

预备条件

学习本节内容，需要预先安装 OpenDaylight 发行版、JDK 访问权限和一个源代码编辑器。详情如下：

https://github.com/jgoodyear/OpenDaylightCookbook/tree/master/ chapter10/chapter10-recipe8

公开 JMX 访问时，管理员应该谨慎。应该启用 SSL，并启用强密码认证。

操作指南

设置 OpenDaylight，使用 JMX 进行远程监视需要三步：编辑管理配置，更新用户文件，使用选择的 JMX 管理工具测试配置。

1. 编辑管理配置。

Apache Karaf 提供默认的管理配置。如果需要修改，更新 etc/org.apache.karaf.management.cfg:

```
#
# Port number for RMI registry connection
#
rmiRegistryPort = 11099
#
```

```
# Port number for RMI server connection
#
rmiServerPort = 44445
```

默认端口（1099 和 44444）通常适用于一般部署。仅当部署遇到端口冲突时才需要更改这些端口配置：

```
#
# Role name used for JMX access authorization
# If not set, this defaults to the ${karaf.admin.role}
configured in etc/system.properties
#
jmxRole=admin
```

在配置文件的底部会有一个 jmxRole 的注释条目，通过删除注释字符来启用它。

2. 更新用户文件。

现在必须更新 etc/users.properties 文件：

```
karaf = karaf,_g_:admingroup
_g_\:admingroup = group,admin,manager,viewer,webconsole,jmxRole
```

users.properties 文件用于配置用户、组和在 Karaf 中的角色。将 jmxRole 添加到管理员组。

该文件的语法如下：

```
Username = password, groups
```

3. 测试配置。

在完成之前的配置更改后，需要重新启动 Karaf 实例。下面可以测试 JMX 设置：

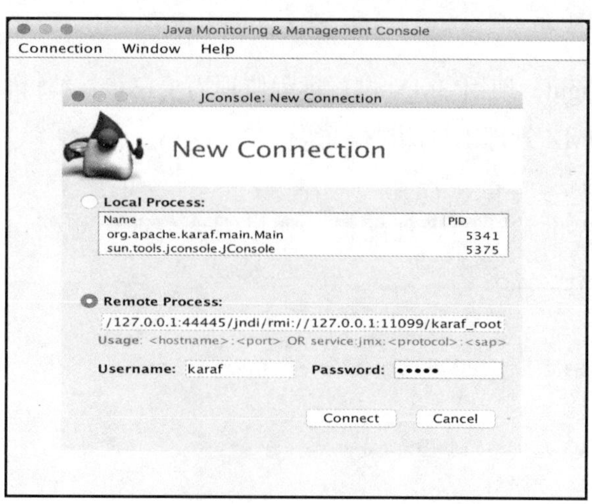

重新启动 Karaf 后，使用选择的基于 JMX 的管理工具（上图为 JConsole）连接到容器。由于图片大小限制，无法显示完整的网址，其完整网址如下：service:jmx:rmi://127.0.0.1:44445/jndi/rmi://127.0.0.1:11099/karaf-root 。URL 的语法是 service:jmx:rmi://host:$ {rmiServerPort}/jndi/rmi://host:${rmiRegistryPort}/${karaf-instance-name}。

工作原理

Apache Karaf 容器提供了一组**托管 Bean**（**MBean**），它们允许用户连接到正在运行的 JVM，访问实时指标或从 MBean 执行操作。

有关 Java MBean 的更多信息，请查看以下 Java 教程：

https://docs.oracle.com/javase/tutorial/jmx/mbeans/

配置文件 etc/org.apache.karaf.management.cfg，允许 Apache Karaf 控制访问 Java 运行时的 JMX 管理工具。

更多信息

可以通过执行 instance:list 命令来检查 OpenDaylight 安装的 RMI 端口：

```
opendaylight-user@root>instance:list
SSH Port | RMI Registry | RMI Server | State | PID | Name
------------------------------------------------------------
8101 | 11099 | 44445 | Started | 6079 | root
```

在上面的调用中，可以看到 RMI 注册表设置为端口 11099，RMI 服务器设置为端口 44445。

设置 Apache Karaf Decanter 监控 OpenDaylight

Apache Karaf 提供了一个名为 **Apache Karaf Decanter** 的监控和警报解决方案。OpenDaylight 用户可以配置此系统，为部署提供易于阅读的状态仪表板，并利用诸如服务级别协议（SLA）警报等高级功能。

从 OpenDaylight Beryllium 开始，Decanter 提供实验支持。平台级别的监控是可能的；应用程序特定监视需要定制收集器或配置 Kibana 仪表板（Kibana 是 Elasticsearch 的基于浏览器的分析和搜索仪表板）。

预备条件

学习本节，需要准备包括 OpenDaylight 发行版、Web 浏览器、JDK 访问权限和源代码编辑器。详情可在以下网址获得：

https://github.com/jgoodyear/OpenDaylightCookbook/tree/master/chapter10/chapter10-recipe9

操作指南

由于 OpenDaylight 实际上是一个定制的 Apache Karaf 发行版，可以通过以下基本安装和配置步骤来使用 Apache Karaf Decanter。

1．启动 OpenDaylight 容器。

Decanter 1.x 需要运行 OpenDaylight 实例进行安装。

2．添加 Apache Karaf Decanter 功能存储库。

将 Decanter 作为 Apache Karaf 功能存储库，需要通过 `repo-add` 命令将此功能提供给 OpenDaylight 容器：

```
opendaylight-user@root>feature:repo-add
mvn:org.apache.karaf.decanter/apache-karaf-decanter/
1.0.0/xml/features
```

执行此命令后，Decanter 功能可用于 OpenDaylight 容器。

Decanter 1.1.x 及更高版本使用 Kibana 4.x，它需要 Apache Karaf 4.x 或更高版本。OpenDaylight Beryllium 可以使用 Decanter 1.0.0。

3．安装 Decanter 功能部件。

添加功能库后，可以安装以下功能：

```
opendaylight-user@root>feature:install elasticsearch
opendaylight-user@root>feature:install kibana
opendaylight-user@root>feature:install decanter-appender-elasticsearch
```

```
opendaylight-user@root>feature:install decanter-collector-log
opendaylight-user@root>feature:install decanter-collector-system
opendaylight-user@root>feature:install decanter-collector-jmx
opendaylight-user@root>feature:install decanter-appender-log
opendaylight-user@root>feature:install decanter-appendere-lasticsearch
```

安装 `decanter-collector-jmx` 后，通常会看到异常。如果使用 Karaf 客户端连接到 OpenDaylight 容器，则可以再次登录，这些异常信息将会从控制台消失。最新版本的 Decanter 解决了这些错误。OpenDaylight 可以利用最新版本的 Decanter 来规避上述异常。

4．通过网络浏览器访问 Decanter。

安装了 Decanter 的核心依赖项，以及一系列收集器和附加程序后，Decanter 服务将可通过 Web 浏览器查看。

使用选择的 Web 浏览器，打开 `http://localhost:8181/kibana`。

其中，两个默认仪表板将与 OpenDaylight 相关：Karaf 和操作系统。Karaf 仪表板提供 JVM 参数值，而操作系统仪表板提供了配置操作系统测试参数值（无磁盘和温度测试，仅支持报告特定主机环境的值）：

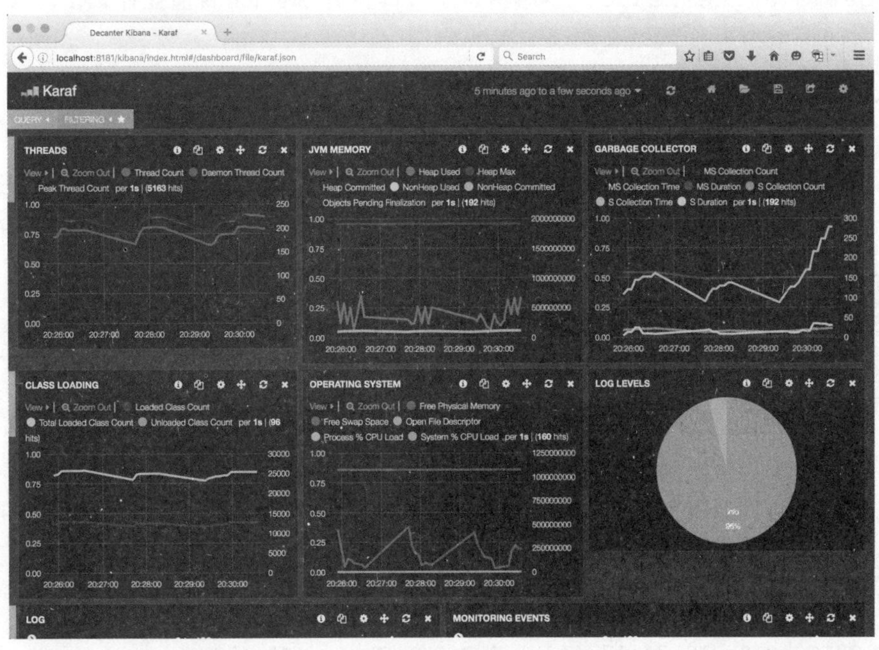

如前面的屏幕截图所示，Decanter 显示可以为 Karaf 的 JVM 收集参数值。显示的是

使用 Kibana 的内置实用程序从日志和 JMX 收集器收集数据。

针对 Kibana 和 Elasticsearch 的深入讲解超出了本书的范围。简而言之，Kibana 是 Elasticsearch 的基于浏览器的分析和搜索仪表板。Elasticsearch 是基于 Lucene 的搜索引擎，它提供了一个分布式、支持多租户的全文搜索引擎，具有 HTTP Web 界面和 JSON 文档。

介绍的收集器和附录将足以为 Decanter 提供 JVM 和基于 Karaf 的日志记录的基本容器度量标准。OpenDaylight 特定的应用程序数据收集需要开发自定义的收集器（Collector），并将其部署到 Decanter 中。

5. 添加一个警报器。

安装了核心的 Decanter 功能后，可以选择通过 Decanter Alerter 配置服务级别协议检查器。首先，安装 Decanter SLA 和 SLA 日志功能：

```
opendaylight-user@root>feature:install decanter-sla
opendaylight-user@root>feature:install decanter-sla-log
```

安装后，将在名为 etc 的文件夹中创建一个配置文件 `org.apache.karaf.decanter.sla.checker.cfg`。编辑这个文件告诉 Alerter 要监控什么，以及在什么情况下可以发出警报。

Decanter 检查器配置使用的语法是：

```
attribute.level=check
```

属性与收集数据器（来自 Decanter 的收集器）中的属性名称匹配，级别是警报级别（警告或错误）。检查是表单形式 `checkType:value`（`checkType` 可以是 `equal`、`notequal`、`match` 或 `notmatch`。`value` 是属性值）。

配置 Alerter 来监视 JVM 线程。如果超过 `60` 个线程处于活动状态，我们将设置 SLA 提醒。为此，将以下内容添加到 `org.apache.karaf.decanter.sla.checker.cfg` 中：

```
ThreadCount.error=range:[0, 60]
```

此配置告诉 Alerter 检查线程数量，并在线程数量超出范围（0~60 个线程）时发出错误警报。

配置完成后，应该看到类似于以下内容的日志条目：

```
2016-06-05 10:34:17,427 | ERROR | Thread-48 | Logger
| 110 - org.apache.karaf.decanter.sla.log - 1.0.0 | DECANTER
```

```
SLA ALERT: ThreadCount out of pattern range:[0,60]
2016-06-05 10:34:17,427 | ERROR | Thread-48 | Logger
| 110 - org.apache.karaf.decanter.sla.log - 1.0.0 | DECANTER
SLA ALERT: Details: hostName:Cyberman.local |
alertPattern:range:[0,60] | ThreadAllocatedMemorySupported:true
| ThreadContentionMonitoringEnabled:false |
TotalStartedThreadCount:560 | alertLevel:error |
CurrentThreadCpuTimeSupported:true |
CurrentThreadUserTime:46389834000 | PeakThreadCount:226 |
AllThreadIds:[J@24b50dea | type:jmx-local |
ThreadAllocatedMemoryEnabled:true |
CurrentThreadCpuTime:47637221000 |
ObjectName:java.lang:type=Threading |
ThreadCpuTimeSupported:true |
ThreadContentionMonitoringSupported:true | ThreadCount:220 |
ThreadCpuTimeEnabled:true | karafName:root |
ObjectMonitorUsageSupported:true | hostAddress:10.0.1.6 |
SynchronizerUsageSupported:true | alertAttribute:ThreadCount |
DaemonThreadCount:193 | event.topics:decanter/alert/error |
```

在前面的日志片段中，我们观察到线程数量是 560 个（远在 0～60 的范围之外），触发了 Alerter。

如果想在获得警报时发送电子邮件，需要安装 decanter-sla-email，并配置 org.apache.karaf.decanter.sla.email.cfg，生成电子邮件地址和 SMTP 信息。

工作原理

Apache Karaf Decanter 是为 Apache Karaf 内部部署而构建的监控解决方案。OpenDaylight 作为定制的 Apache Karaf 发行版可以轻松使用 Decanter。将收集器、附加器和警报器三个部分组合在一起构建了 Decanter 监测系统。

在前面的体系架构图中，可以看到系统监视是如何执行的。数据通过收集器输入，然后 Decanter 将其发送给附加器进行存储、警报器检查，并发出可能的警报。下面将进一步介绍这些组件。

顾名思义，收集器收集数据并将其发送到 Decanter。Decanter 将采集这些数据，并将其发送给附加器（Appender）。安装收集器后，会在 OpenDaylight 等文件夹中创建配置文件。根据需要调整这些配置，并且调整收集器收集所需的信息。请参阅 *Apache Karaf Decanter Collectors* 文档，明确每个收集器的配置。

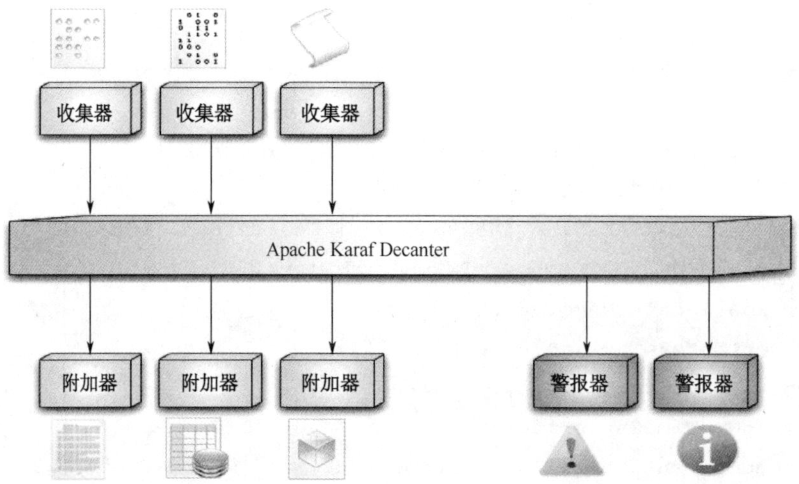

附加器（Appender）从 Decanter 接收数据，并负责将数据推送、存储到后端。安装附加器后，会在 OpenDaylight 等文件夹中创建配置文件。需要配置将它们连接到各自的存储器（例如，数据库）。请参阅 *Apache Karaf Decanter Appenders* 文档来知悉每个 Appender 的配置。

警报器是一种特殊类型的附加器，它们从 Decanter 接收数据，试图存储数据，实施 SLA 类型分析，在检测到违反策略时发送警报（例如，如果某些度量标准超出范围，则发送电子邮件）。特定的检查器（测试）在 `org.apache.karaf.decanter.sla.checker.cfg` 文件中配置（可在 OpenDaylight 等文件夹中找到）。

完全组装后，Decanter 提供了一个功能强大的监控解决方案。

更多信息

Apache Karaf Decanter 是 Apache Karaf 的一个活跃的子项目。更改项目配置供 OpenDaylight 用户访问。有关 Apache Karaf Decanter 的更多信息，请参阅：

`http://karaf.apache.org/projects.html#decanter`。

关于 Decanter 1.x 版本的文档，请访问：

`http://karaf.apache.org/manual/decanter/latest-1/`。

认证和授权

在本章中，将介绍以下内容：

- OpenDaylight 身份管理器；
- OpenDaylight 的 RBAC 基本过滤；
- OpenDaylight 中基于令牌的身份验证；
- OpenDaylight 源 IP 授权；
- OpenDaylight 与 OpenLDAP 环境集成；
- OpenDaylight 与 FreeIPA 环境集成。

内容概要

软件定义网络（SDN）控制器的安全性是网络安全的核心。但是，SDN 中可以使用的安全体系结构是基于业务案例的变体。OpenDaylight 拥有身份验证和授权开箱即用的机制，可以保护 OpenDaylight，并且还具有与不同身份验证系统（如 LDAP IP 和 FreeIPA）的联合验证身份功能。在本章中，将介绍如何使用 OpenDaylight 内置认证和授权功能，以及如何将 OpenDaylight 与联合系统（如 FreeIPA）集成。

OpenDaylight 身份管理器

OpenDaylight 拥有自己的内置身份管理器，可以管理 OpenDaylight 用户。OpenDaylight 基于典型的用户名和密码体系结构对用户进行身份验证，并根据用户的角色和域对用户授权。在本节中，读者将学习如何添加新用户、更新用户信息、添加新角色，以及添加新用户域。

预备条件

要完成本节内容的学习，需要最新的 OpenDaylight Beryllium 发行版，并且需要从 GitHub 库中下载相关资源。

操作指南

1．使用 `karaf` 脚本启动 OpenDaylight 发行版。使用以下命令访问 karaf CLI：

```
$ cd distribution-karaf-0.4.1-Beryllium-SR1/
$ ./bin/karaf
________ ________ .__ .__ .__ __
\_____ \ _____ ____ ____ \______ \ _____ ___.__.| | |__| ____
| |___/ |_
/ | \\____ \_/ __ \ / \ | | \\__ \< | || | | |/ ___\| | \ __\
/ | \ |_> > ___/| | \| ` \/ __ \\___ || |_| / /_/ > Y \ |
\_______ / __/ \___ >___| /_______ (____ / ____||____/__\___
/|___| /__|
\/|__| \/ \/ \/ \/\/ /_____/ \/
Hit '<tab>' for a list of available commands
and '[cmd] --help' for help on a specific command.
Hit '<ctrl-d>' or type 'system:shutdown' or 'logout' to
shutdown OpenDaylight.
opendaylight-user@root>
```

2．为了方便测试 OpenDaylight 身份管理器，使用以下命令安装 OpenDaylight `dlux` 功能：

```
opendaylight-user@root> feature:install odl-dlux-all
```

可以使用以下命令在 Karaf CLI 中查看 aaa 已安装的功能：

```
opendaylight-user@root> feature:list -i | grep aaa
```

从 Karaf CLI 可以看到以下内容：

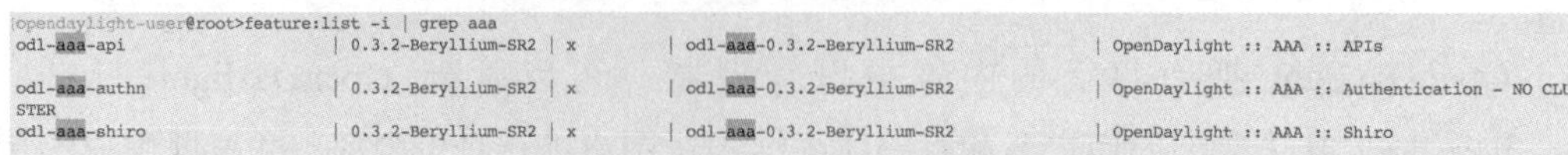

```
opendaylight-user@root>feature:list -i | grep aaa
odl-aaa-api                   | 0.3.2-Beryllium-SR2 | x        | odl-aaa-0.3.2-Beryllium-SR2          | OpenDaylight :: AAA :: APIs

odl-aaa-authn                 | 0.3.2-Beryllium-SR2 | x        | odl-aaa-0.3.2-Beryllium-SR2          | OpenDaylight :: AAA :: Authentication - NO CLU
STER
odl-aaa-shiro                 | 0.3.2-Beryllium-SR2 | x        | odl-aaa-0.3.2-Beryllium-SR2          | OpenDaylight :: AAA :: Shiro
```

3．现在，登录到 OpenDaylight dlux，打开浏览器，并转至 `http://localhost:`

8181/index.html#/login。默认的用户名和密码分别是 admin 和 admin。

4. 需要 PostMan，任何 REST API 客户端都能访问 PostMan，参见 chapter11/chapter11-RECIPE1/ AAA-idm.postman_collection.json。导入 JSON 文件之后，应该能够看到身份管理器 REST API，可以获取、添加和删除用户、域和角色。

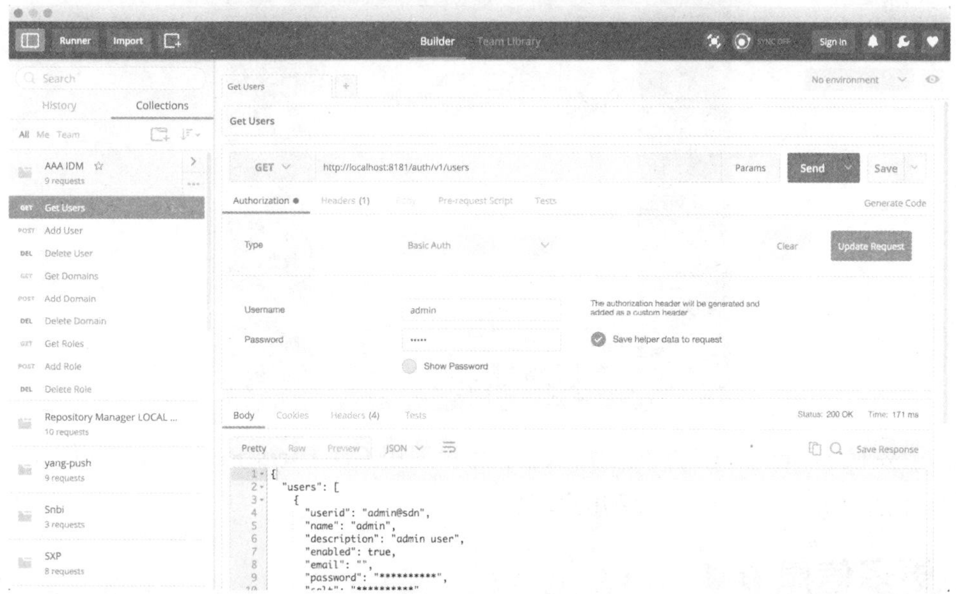

5. 现在，使用 **Add user** REST API 创建一个新用户。在 PostMan 的左侧列表中单击 **Add user** 选项，然后单击主体的右侧选项卡，选择 **raw**。可以看到新的用户数据、用户名和密码，并且可以根据自己的喜好更改：

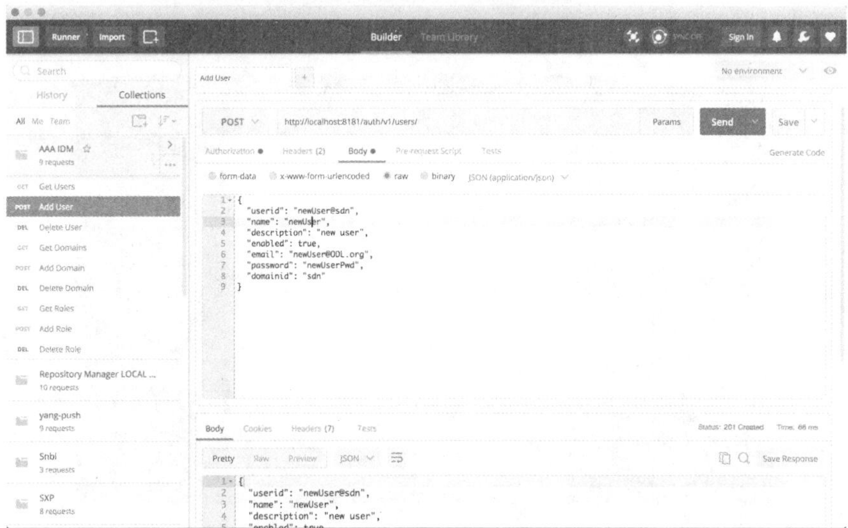

6．为了测试新的用户身份验证，打开浏览器，并转到 `http://localhost:8181/index.html#/login`。使用新的用户身份登录。

7．要检索 OpenDaylight 的用户数据，可以使用 **Get Users** REST API。可以使用默认用户信息（`sdn`，`user`）和新用户信息。

更多信息 ●●●●

创建新用户时，还可以使用 **Add Domain** 和 **Add Role** REST API 创建新的域和角色。OpenDaylight 默认域为 sdn，默认角色为 `admin` 和 `user`。创建不同的域和角色将有助于区分不同的用户角色。

在 OpenDaylight 中的 RBAC 基本过滤

OpenDaylight 中的基于角色的权限访问控制（Role-Based Access Control，RBAC）对于授权用户访问 OpenDaylight 资源很有用。OpenDaylight 依靠 Shiro 框架并根据 Shiro 配置中的预定义 URL 应用 RBAC。在本节中，读者将了解如何限制用户角色访问指定的 OpenDaylight 的 REST API。

预备条件

这节的学习，需要最新的 OpenDaylight Beryllium 发行版。

操作指南

1. 使用 `karaf` 脚本启动 OpenDaylight 发行版。使用此客户端访问 karaf CLI。

```
$ cd distribution-karaf-0.4.1-Beryllium-SR1/
$ ./bin/karaf
________ ________ .__ .__ .__ __
\_____ \ ______ ____ ____ \______ \ _____ ___.__.| | |__| ____
| |___/ |_
/ | \\____ \_/ __ \ / \ | | \\__ \< | || | | |/ ___\| | \ __\
/ | \ |_> > ___/| | \| ` \/ __ \\___ || |_| / /_/ > Y \ |
\_______ / __/ \___ >___| /_______ (____ / ____||____/__\___
/|___| /__|
\/|__| \/ \/ \/ \/\/ /_____/ \/
Hit '<tab>' for a list of available commands
and '[cmd] --help' for help on a specific command.
Hit '<ctrl-d>' or type 'system:shutdown' or 'logout' to
shutdown OpenDaylight.
opendaylight-user@root>
```

2. 安装 `restconf` 和 Neutron 功能，可以限制对 admin 角色功能的访问。

使用以下命令安装 odl-restconf 和 odl-neutron-service 功能：

```
opendaylight-user@root> feature:install odl-restconf odl-neutron-
service
```

可以使用以下命令在 Karaf CLI 中查看 aaa 已安装的功能：

```
opendaylight-user@root> feature:list -i | grep aaa
```

Karaf CLI 中可以看到以下内容：

```
opendaylight-user@root>feature:list -i | grep aaa
odl-aaa-api                | 0.3.2-Beryllium-SR2 | x     | odl-aaa-0.3.2-Beryllium-SR2        | OpenDaylight :: AAA :: APIs
odl-aaa-shiro              | 0.3.2-Beryllium-SR2 | x     | odl-aaa-0.3.2-Beryllium-SR2        | OpenDaylight :: AAA :: Shiro
odl-aaa-authn              | 0.3.2-Beryllium-SR2 | x     | odl-aaa-0.3.2-Beryllium-SR2        | OpenDaylight :: AAA :: Authentication - NO
CLUSTER
```

3. 测试对 restconf 和 Neutron REST API 的管理和用户角色授权。对于具有 admin 角色特权的 admin 用户和 restconf streams API，运行以下命令：

```
$ curl -u admin:admin http://localhost:8181/restconf/streams
```

获得的响应如下：

```
{
    "Streams": { }
}
```

用具有用户角色权限的用户和 restconf streams API，运行以下命令：

```
$ curl -u user:user http://localhost:8181/restconf/streams
```

响应应与 admin 用户相同。为了测试 Neutron REST API，创建一个虚拟网络，然后检索其数据。使用以下命令创建虚拟网络：

```
$ curl -u admin:admin -X PUT -H "Content-Type:
application/json" -d '{
"networks": {
"network": [
{
"shared": "false",
"admin-state-up": "true",
"status": "UP",
"uuid": "e20ccd4b-c316-4df9-8e4c-f003b942a90d",
"name": "net1",
"tenant-id": "e20ccd4b-c316-4df9-8e4c-f003b942a90c",
"neutron-provider-ext:network-type": "vlan",
```

```
"neutron-provider-ext:segmentation-id": "100",
"neutron-L3-ext:external": "false"
}
]
}
}'
http://localhost:8181/restconf/config/neutron:neutron/networks
```

使用以下命令测试管理角色和用户角色的 Neutron REST API 的授权：

```
$ curl -u admin:admin -X GET
http://localhost:8181/restconf/config/neutron:neutron/networks
```

响应如下：

```
{
"networks": {
"network": [
{
"uuid": "e20ccd4b-c316-4df9-8e4c-f003b942a90d",
"tenant-id": "e20ccd4b-c316-4df9-8e4c-f003b942a90c",
"neutron-provider-ext:segmentation-id": "100",
"neutron-provider-ext:network-type": "neutron-provide-rext:
vlan",
"neutron-L3-ext:external": false,
"name": "net1",
"shared": false,
"admin-state-up": true,
"status": "UP"
}
]
}
}
$ curl -u user:user -X GET
http://localhost:8181/restconf/config/neutron:neutron/networks
```

管理角色的响应应该相同。

4．现在，只限制管理角色流和 Neutron REST API 的授权。在 OpenDaylight 目录下，修改 `shiro.ini` 文件，添加流和 Neutron REST API 的 URL。

```
$ cd distribution-karaf-0.4.2-Beryllium-SR2/etc
$ vi shiro.ini
```

在 URL 网址授权部分添加以下行：

```
/streams/ = authcBasic, roles[admin]
/config/neutron**/** = authcBasic, roles[admin]
```

保存 `shiro.ini` 文件并退出。shiro 框架配置仅在启动时生效，因此，需要重新启动 OpenDaylight 发行版。在 OpenDaylight 控制台中运行以下命令重新启动 OpenDaylight：

```
$ opendaylight-user@root> system:shutdown -r
```

5. 重新测试对 `restconf` 和 Neutron REST API 使用的用户和管理员角色授权。对于 admin 角色和 `restconf streams` API，运行以下命令：

```
$ curl -u admin:admin http://localhost:8181/restconf/streams
```

响应如下：

```
{
    "Streams": { }
}
```

对于具有用户角色特权的用户和 `restconf streams` API，运行以下命令：

```
$ curl -u user:user http://localhost:8181/restconf/streams
```

响应应该是未经授权的消息，如下所示：

```
<html>
  <head>
    <meta http-equiv="Content-Type" content="text/html;
    charset=ISO-8859-1"/>
    <title>Error 401 Unauthorized</title>
  </head>
  <body><h2>HTTP ERROR 401</h2>
    <p>Problem accessing
    /restconf/config/neutron:neutron/networks/. Reason:
    <pre> Unauthorized</pre></p><hr /><i><small>Powered by
    Jetty://</small></i><br/>
  </body>
</html>
```

使用以下命令测试管理角色的 Neutron REST API 的授权：

```
$ curl -u admin:admin -X GET
http://localhost:8181/restconf/config/neutron:neutron/networks
```

响应如下：

```
{
"networks": {
"network": [
{
"uuid": "e20ccd4b-c316-4df9-8e4c-f003b942a90d",
"tenant-id": "e20ccd4b-c316-4df9-8e4c-f003b942a90c",
"neutron-provider-ext:segmentation-id": "100",
"neutron-provider-ext:network-type": "neutron-provider-ext:
vlan",
"neutron-L3-ext:external": false,
"name": "net1",
"shared": false,
"admin-state-up": true,
"status": "UP"
}
]
}
}
For the user role:
$ curl -u user:user -X GET
http://localhost:8181/restconf/config/neutron:neutron/networks
```

响应应该是类似以下内容的未经授权的消息：

```
<html>
  <head>
    <meta http-equiv="Content-Type" content="text/html;
    charset=ISO-8859-1"/>
    <title>Error 401 Unauthorized</title>
  </head>
    <body><h2>HTTP ERROR 401</h2>
    <p>Problem accessing
    /restconf/config/neutron:neutron/networks/. Reason:
    <pre> Unauthorized</pre></p><hr /><i><small>Powered byJetty://</
```

```
small></i><br/>
            </body>
        </html>
```

工作原理

由于 OpenDaylight 依赖于 Shiro 框架授权用户使用 REST API。因此，shiro.ini 文件具有基本的 HTTP 身份验证过滤器配置。OpenDaylight 的基本身份验证位于 shiro.ini 文件中，即 authcBasic = org.opendaylight.aaa.shiro. filters.ODLHttpAuthenticationFilter。

在本部分内容中，通过基于基本身份验证和管理角色 /streams/ = authcBasic,roles[admin] 设置要授权的流 URL 来授权管理角色的流 REST API。OpenDaylight 在启动时将授权具有管理员角色的用户访问流 REST API URL。ODLHttpAuthenticationFilter 文件的引用存放在 OpenDaylight GitHub 存储库源代码中的 aaa 项目下。

OpenDaylight 中基于令牌的身份验证

OpenDaylight 可以用不同的技术实践不同的操作。在 SDN 生产环境中，使用基于令牌的身份验证来控制 OpenDaylight 中验证操作的生命周期。在本节中，读者将学习如何生成可用于验证 OpenDaylight 的 HTTP 请求的令牌。

预备条件

需要一个新的 OpenDaylight Beryllium 发行版。

操作指南

1. 使用 karaf 脚本启动 OpenDaylight 发行版。使用客户端访问 Karaf CLI。

```
$ cd distribution-karaf-0.4.1-Beryllium-SR1/
$ ./bin/karaf
```

```
________ ________ .__ .__ .__ __
\_____ \ ______ ____ ____ \______ \ _____ ___.__.| | |__| ____
| |___/ |_
/ | \\____ \_/ __ \ / \ | | \\__ \< | || | | |/ ___\| | \ __\
/ | \ |_> > ___/| | \| ` \/ __ \\___ || |_| / /_/ > Y \ |
\_______ / __/ \___ >___| /_____ (____ / ____||____/__\___/|___| /__|
\/|__| \/ \/ \/ \/\/ /_____/ \/
Hit '<tab>' for a list of available commands
and '[cmd] --help' for help on a specific command.
Hit '<ctrl-d>' or type 'system:shutdown' or 'logout' to
shutdown OpenDaylight.
opendaylight-user@root>
```

2．安装 restconf 功能，学习如何使用基于令牌的身份验证来验证流 REST API。使用以下命令安装 odl-restconf 功能：

```
opendaylight-user@root> feature:install odl-restconf
```

可以使用以下命令在 Karaf CLI 中查看 aaa 已安装的功能：

```
opendaylight-user@root> feature:list -i | grep aaa
```

在 Karaf CLI 中可以看到以下内容：

```
opendaylight-user@root>feature:list -i | grep aaa
odl-aaa-api        | 0.3.2-Beryllium-SR2 | x    | odl-aaa-0.3.2-Beryllium-SR2    | OpenDaylight :: AAA :: APIs
odl-aaa-shiro      | 0.3.2-Beryllium-SR2 | x    | odl-aaa-0.3.2-Beryllium-SR2    | OpenDaylight :: AAA :: Shiro
odl-aaa-authn      | 0.3.2-Beryllium-SR2 | x    | odl-aaa-0.3.2-Beryllium-SR2    | OpenDaylight :: AAA :: Authentication - NO
CLUSTER
```

3．用管理员用户生成授予的令牌。指定用户名、密码和域来生成令牌：

```
$ curl -ik -d 'grant_type=password&username=admin&password=
admin&scope=sdn' http://localhost:8181/oauth2/token
```

响应包含访问令牌、令牌类型和到期时间（以秒为单位）。如下所示：

```
HTTP/1.1 201 Created
Transfer-Encoding: chunked
Server: Jetty(8.1.15.v20140411)
{
  "access_token":"1d995bbe-e948-3ad0-a38e-0573932cb839",
  "token_type":"Bearer",
  "expires_in":3600
}
```

4. 使用生成的令牌访问流 REST API。

```
$ curl -H 'Authorization:Bearer 1d995bbe-e948-3ad0-
a38e-0573932cb839' http://localhost:8181/restconf/streams/
```

响应如下：

```
{
  "Streams": { }
}
```

工作原理

OpenDaylight 用户将令牌请求中的凭证提供给域中的控制器。令牌请求将传递到控制器令牌端点，验证用户凭据，并生成声明。控制器令牌实体将声明（用户、域和角色）转换为提供给用户的令牌。令牌服务配置位于 OpenDayligh 目录/distribution-karaf-0.4.2-Beryllium-SR2/etc/org.opendaylight.aaa. tokens.cfg 下的 org.opendaylight.aaa.tokens.cfg 文件中。令牌到期时间的默认配置为 3 600 秒。

OpenDaylight 源 IP 授权

许多情况下，基于源 IP 的授权被广泛用于授权网络元素访问 OpenDaylight。例如，在一些物联网案例中，需要基于 IP 来区分不同的物联网设备，以限制对 OpenDaylight 功能的访问。在这一节中，读者将学习如何使用 Apache 服务器设置 OpenDaylight 源 IP 授权。

预备条件

学习这部分内容，需要新版 OpenDaylight 发行版，PostMan 作为 REST API 客户端，用 VirtualBox 设置一个 Ubuntu 14.04 VM，或者 Vagrant（如果要使用预定义的 Vagrant 文件的话）。

操作指南

1. 如果已经准备好了“预备条件”中列出的项目，可以跳过此步骤，直接从步骤 4

开始执行。如果要使用预定义的 Vagrant 文件建立环境，首先，如果尚未安装 Vagrant，则需要预先安装它。然后，需要转到内容文件夹下的 `IPBased-VM` 目录：

```
$ cd chapter11-recipe4/IPBased-VM/
```

需要更改 Vagrant 文件中的网络接口名称，匹配计算机网络接口：

```
$ vi Vagrantfile
```

更改 en0，匹配机器网络接口，并保存文件，然后，重新启动虚拟机：

```
$ vagrant up
```

安装时间应该在 15～20 分钟，正好可以喝一杯咖啡。

2．使用 `vagrant ssh` 命令访问 `IPBased-VM`：

```
$ vagrant ssh
```

3．在 `IPBased-VM` 中，已经准备好运行 OpenDaylight 发行版。使用 `karaf` 脚本启动 OpenDaylight 发行版。使用以下脚本访问 Karaf CLI：

```
$ cd distribution-karaf-0.4.1-Beryllium-SR1/
$ ./bin/karaf
________ ________ .__ .__ .__ __
\_____ \ ______ ____ ____ \______ \ _____ ___.__.| | |__| ____
| |___/ |_
/ | \\____ \_/ __ \ / \ | | \\__ \< | || | | |/ ___\| | \ __\
/ | \ |_> > ___/| | \| ` \/ __ \\___ || |_| / /_/ > Y \ |
\_______ / __/ \___ >___| /_______ (____ / ____||____/__\___
/|___| /__|
\/|__| \/ \/ \/ \/\/ /_____/ \/
Hit '<tab>' for a list of available commands
and '[cmd] --help' for help on a specific command.
Hit '<ctrl-d>' or type 'system:shutdown' or 'logout' to
shutdown OpenDaylight.
opendaylight-user@root>
```

4．使用以下命令安装 `odl-restconf` 特性：

```
opendaylight-user@root> feature:install odl-restconf
```

使用以下命令在 Karaf CLI 中查看 aaa 已安装的功能：

```
opendaylight-user@root> feature:list -i | grep aaa
```

Karaf CLI 中显示以下内容：

```
opendaylight-user@root>feature:list -i | grep aaa
odl-aaa-api        | 0.3.2-Beryllium-SR2 | x | odl-aaa-0.3.2-Beryllium-SR2 | OpenDaylight :: AAA :: APIs
odl-aaa-shiro      | 0.3.2-Beryllium-SR2 | x | odl-aaa-0.3.2-Beryllium-SR2 | OpenDaylight :: AAA :: Shiro
odl-aaa-authn      | 0.3.2-Beryllium-SR2 | x | odl-aaa-0.3.2-Beryllium-SR2 | OpenDaylight :: AAA :: Authentication - NO
CLUSTER
```

5. 因为需要为 OpenDaylight Karaf 保留另一个控制台，现在打开另一个控制台，使用 vagrant ssh 命令访问 IPBased-VM。

6. 使用以下命令检查 odl-restconf REST API。使用默认的 OpenDaylight 认证用户名和密码：

```
$ curl -u admin:admin https://localhost:8181/restconf/streams/
```

响应如下：

```
{
  "Streams": { }
}
```

7. 使用以下命令启用防火墙：

```
$ sudo ufw enable
```

sudo 的默认密码为 vagrant。

8. 安装防火墙规则，允许通过 8181 端口访问 localhost。

```
$ sudo iptables -A INPUT -p tcp -s localhost --dport 8181 -j
ACCEPT
$ sudo iptables -A INPUT -p tcp --dport 8181 -j DROP
$ sudo iptables -A INPUT -p tcp --dport 80 -j ACCEPT
$ sudo iptables -A INPUT -p tcp --dport 22 -j ACCEPT
$ sudo iptables -A OUTPUT -p tcp --sport 22 -j ACCEPT
```

9. 现在检查是否仍然可以访问 restconf streams API。

```
$ curl-u admin:admin https://localhost/restconf/streams/
```

如上所示，URL 中没有 8181 端口，因为通过 80 端口转发 REST API 请求，现在检查，从 IPBased-VM 外部访问 REST API 是否无法通过从主机执行相同的命令。打开一个新的控制台，并运行：

```
$ curl -u admin:admin https://< IPBased-VM IP
address>/restconf/streams/
```

应该不会返回一个未找到的消息，或可能只是挂起。

```
<iDOCTYPE HTML PUBLIC "-//IETF//DTD HTML 2.0//EN">
<html>
  <head>
```

```
    <title>404 Not Found</title>
  <head>
    <body>
      <h1>Not Found</h1>
      <P>The requested URL /restconf/streams/ was not found on
      This server.</p>
      <hr>
      <address>Apache/2.4.7 (Ubuntu) Server at 192.168.1.6
      Port80
      </address>
    </body>
</html>
```

10. 启用 Apache proxy_http 模块：

```
$ sudo a2enmod proxy_http
```

11. 现在配置 Apache 服务器，限制只访问 localhost：

```
$ cd /etc/apache2/conf-available
$ sudo touch my_app.conf
$ sudo chown vagrant my_app.conf
$ vi my_app.conf
```

将以下配置添加到 my_app.conf 文件：

```
LoadModule proxy_http_module modules/mod_proxy_http.so
<LocationMatch "/*">
  Order allow,deny
  Allow from 127.0.0.1
  </LocationMatch>
  ProxyPass/http://localhost:8181/
  ProxyPassReverse/http://localhost:8181/
```

保存 my_app.conf 文件并退出。然后转到目录 conf-enable，并创建指向 my_app.conf 文件的链接：

```
$ cd /etc/apache2/conf-enabled
$ sudo ln -s /etc/apache2/conf-available/my_app.conf
./my_app.conf
```

需要重新启动 Apache 服务器，应用新配置：

```
$ sudo /etc/init.d/apache2 restart
```

12. 根据在 Apache 服务器上安装的新配置，验证 REST API 是否可以访问。在 IPBased-VM 上运行以下命令：

```
$ curl -u admin:admin http://localhost/restconf/streams/
```

响应如下：

```
{
  "Streams": { }
}
```

现在在主机上运行相同的命令：

```
$ curl -u admin:admin https://< IPBased-VM IP
address>/restconf/streams/
```

返回禁止访问消息：

```
<!DOCTYPE HTML PUBLIC "-//IETF//DTD HTML 2.0//EN">
<html>
  <head>
    <title>403 Forbidden</title>
  </head>
    <body>
      <h1>Forbidden</h1>
      <p>You don't have permission to access /restconf/streams/
      on this server.</p>
      <hr>
      <address>Apache/2.4.7 (Ubuntu) Server at 192.168.1.6 Port
      80</address>
    </body>
</html>
```

13. 通过将其 IP 地址子网掩码添加到 my_app.conf 文件，让主机访问 OpenDaylight。

```
$ cd /etc/apache2/conf-available/
$ vi my_app.conf
```

更新 my_app.conf 文件的配置（“基于主机子网的子网掩码”）：

```
LoadModule proxy_http_module modules/mod_proxy_http.so
<LocationMatch "/*">
  Order allow,deny
  Allow from 127.0.0.1
  Allow from 192.168.1.0/16
```

```
</LocationMatch>
ProxyPass/http://localhost:8181/
ProxyPassReverse/http://localhost:8181/
```

需要重新启动 Apache 服务器，应用新配置。

```
$ sudo /etc/init.d/apache2 restart
```

14. 重新检查从主机访问 OpenDaylight 的权限：

```
$ curl -u admin:admin https://< IPBased-VM IP
address>/restconf/streams/
```

应该能够访问 REST API。如果尝试从网络中的其他主机使用不同的子网访问 OpenDaylight，则应该会获得禁止访问的反馈信息。

工作原理

在 IPBased-VM 上安装的防火墙规则限制了从外部到端口的访问，80 用于 HTTP 访问，端口 22 用于 SSH 访问。Apache 服务器具有代理组件，这将被配置为允许从基于 IP 地址或 IP 的外部 IPBased-VM 访问子网掩码。OpenDaylight 作为一个应用程序服务器在同一个主机上运行防火墙，Apache 服务器将遵循防火墙规则和 Apache 服务器配置运行。

OpenDaylight 与 OpenLDAP 环境集成

由于不同的身份验证机制和部署环境，OpenDaylight 可以与不同的身份提供商进行集成，以对 OpenDaylight 的用户进行身份验证。

OpenLDAP 是一种应用协议，可帮助身份提供者验证和授权 OpenDaylight 用户。在这部分内容中，我们将学习如何设置 OpenLDAP 服务器，定义 SDN 用户、组，并配置 OpenDaylight 以通过 OpenLDAP 服务器对用户进行身份验证。

预备条件

这部分内容需要最新版的 OpenDaylight 发行版，PostMan（作为 REST API 客户端），VirtualBox 用来设置 Ubuntu 14.04 VM，或 Vagrant（如果使用 recipe 文件夹中的预

定义 Vagrant 文件）。

操作指南

1. 如果完成了预备安装，可以跳过此步骤，并直接从步骤 4 开始。如果使用预定义的 vagrant 文件建立环境，首先，如果尚未安装 vagrant，则需要预先安装它。然后，需要转到内容文件夹下的 LDAP-VM 目录：

```
$ cd chapter11-recipe5/LDAP-VM/
```

需要更改 Vagrant 文件中的网络接口名称，匹配计算机网络接口。

```
$ vi Vagrantfile
```

更改 en0，匹配机器网络接口，并保存文件，然后启动 VM 安装。

```
$ vagrant up
```

安装时间应该在 5～10 分钟之间，正好可以喝一杯咖啡。

2. 使用 vagrant ssh 命令访问 LDAP-VM：

```
$ vagrant ssh
```

3. 设置和准备 LDAP 服务器，授权 OpenDaylight 用户。在 LDAB-VM CLI 中运行以下命令：

```
$ sudo apt-get update
$ sudo apt-get install slapd ldap-utils
```

安装完成后，配置 LDAP 服务器。运行以下命令：

```
$ sudo dpkg-reconfigure slapd
```

在配置过程中会遇到以下问题：

- 是否忽略 OpenLDAP 服务器配置？ 否
- DNS 域名？可以输入首选域名。

在此，可以输入 odl.ldap.org。

- 组织名称？这取决于您的选择。在此，使用 OpenDaylight。
- 管理员密码？输入 OpenDaylight word 作为密码。
- 数据库后端使用？HDB。
- 删除 slapd 时删除数据库？否。
- 移动旧数据库？是。
- 允许 LDAPv2 协议？否。

4. 为了能够使用 PHP 用户界面创建和管理 OpenDaylight 用户，需要安装

PHPldapAdmin 包。在 LDAP-VM CLI 中运行以下命令：

```
$ sudo apt-get install phpldapadmin
```

完成安装后，需要配置 Web 界面。使用以下命令打开 config.php 文件：

```
$ sudo vi /etc/phpldapadmin/config.php
```

搜索以下部分，并进行相应修改：

```
$servers->setValue('server','host','LDAP_VM_IP_Address');
$servers->setValue('server','base',array('dc=odl,dc=ldap,dc=org
'));
$servers->setValue('login','bind_id','cn=admin,dc=odl,dc=ldap,dc=org');
$config->custom->appearance['hide_template_warning'] = true;
```

此外，需要修改 TemplateRender.php 文件。使用以下命令打开文件：

```
$ sudo vi /usr/share/phpldapadmin/lib/TemplateRender.php
```

搜索以下部分，并按如下所示进行修改：

```
$default =
$this->getServer()->getValue('appearance','password_hash');
```

将其更改为：

```
$default =
$this->getServer()->getValue('appearance','password_hash_custom
');
```

5. 现在，在 LDAP 服务器中创建 OpenDaylight 用户和组。在主机中打开浏览器，并输入以下 URL：

http://<LDAP_VM_IP_Address>/phpldapadmin。

应该会出现以下网页：

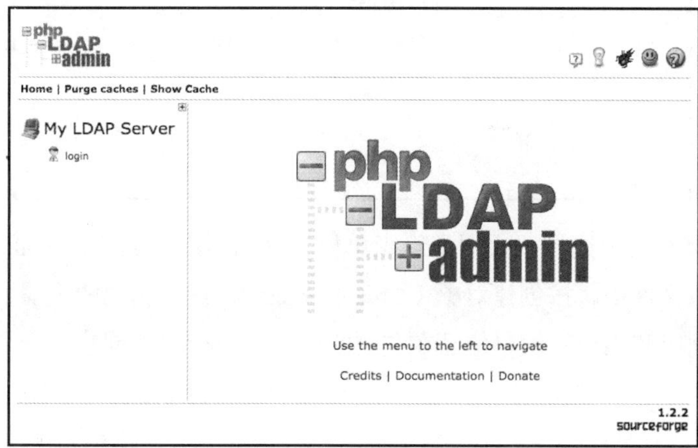

单击左侧面板上的登录（login）链接，将看到登录 DN（专有名称）信息界面。在密码字段中输入 OpenDaylight（如果您没有在配置步骤中使用 OpenDaylight 作为密码，请输入您预置的密码），然后单击验证：

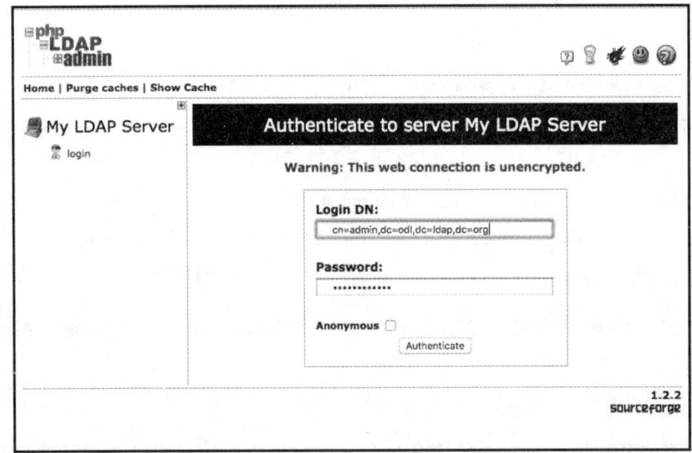

下面，将创建组和用户组织单位。在管理域树视图下，单击“在此处创建新条目”（Create new entry here）：

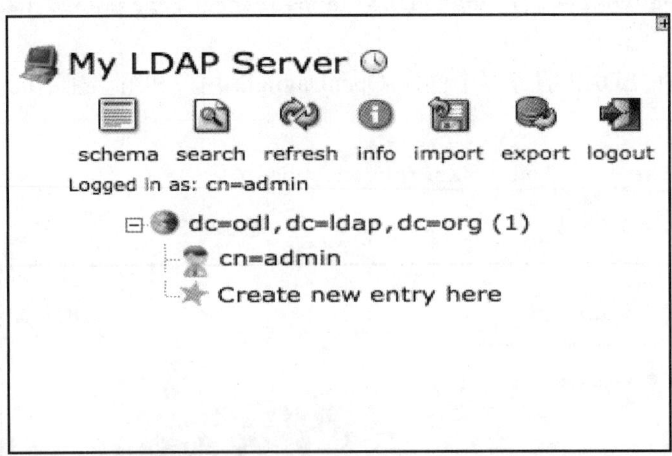

在右侧模板面板中选择“通用：组织单位”（Generic:Organisational Unit），并输入组。在组织单位文件中，按创建对象（Create object），重复相同的步骤。输入用户而不是组。应该看到组和用户组织单位已在左侧的树视图面板中被创建：

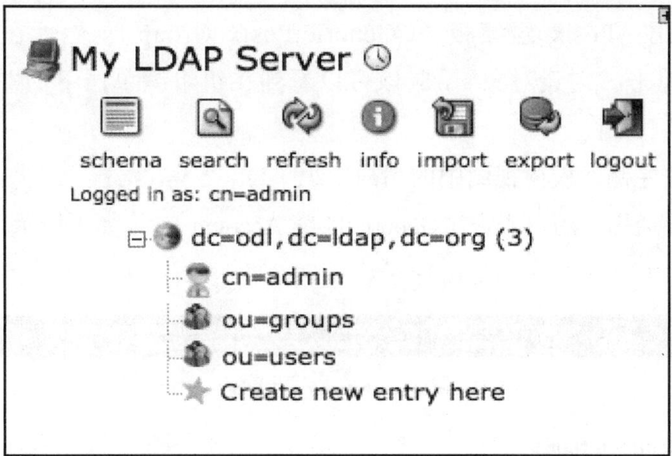

单击“组组织单位（ou = groups）”，然后在右侧面板中单击“创建子条目”（Create a child entry）：

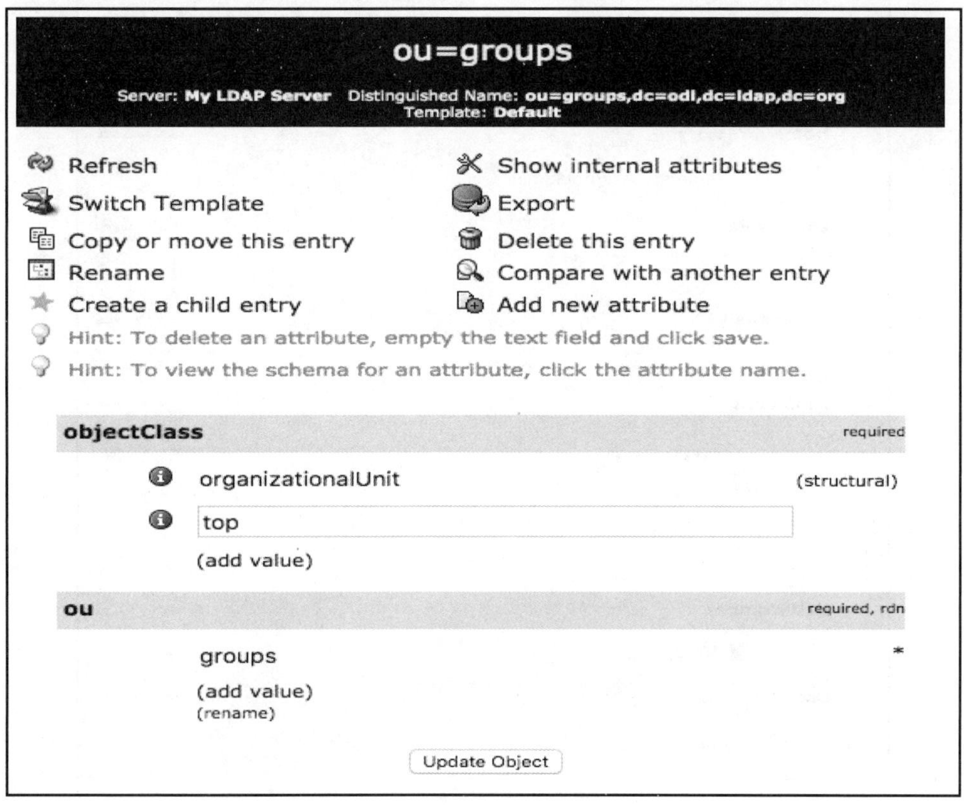

选择“通用：Posix 组模板”（Generic:Posix Group），然后在组字段中输入 odlUsers，单击“创建对象”。应该可以看到在组组织单位下的左树视图面板中创建的 odlUsers 组。

现在，单击左侧面板树视图中的用户组织单位（ou=users），然后单击创建新的子条目，并选择通用：用户帐户（Generic:User Account）。按如下所示填写用户信息，并输入密码字段（OpenDaylight）：

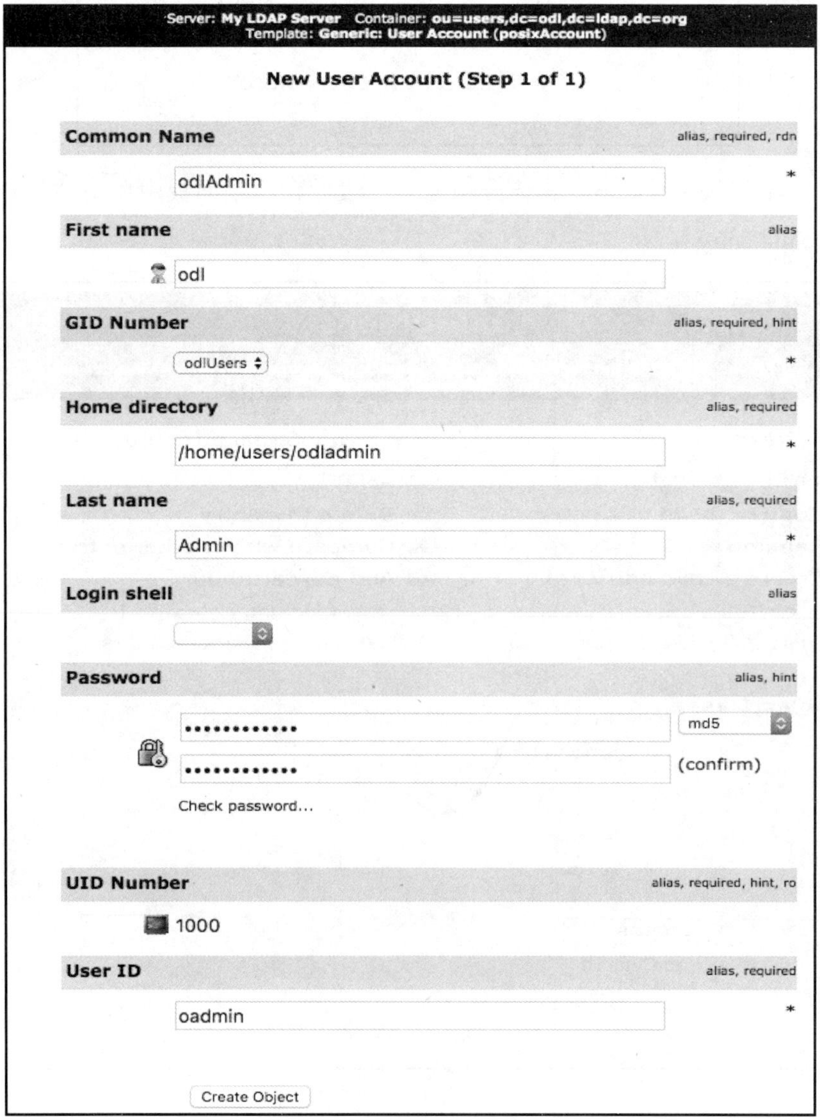

Server: My LDAP Server Container: ou=users,dc=odl,dc=ldap,dc=org
Template: Generic: User Account (posixAccount)

New User Account (Step 1 of 1)

Field	Value	Attributes
Common Name	odlAdmin *	alias, required, rdn
First name	odl	alias
GID Number	odlUsers *	alias, required, hint
Home directory	/home/users/odladmin *	alias, required
Last name	Admin *	alias, required
Login shell		alias
Password	••••••••••••• md5 ••••••••••••• (confirm) Check password...	alias, hint
UID Number	1000	alias, required, hint, ro
User ID	oadmin *	alias, required

Create Object

应该能够看到在用户组织单位下创建的 odlAdmin 用户。

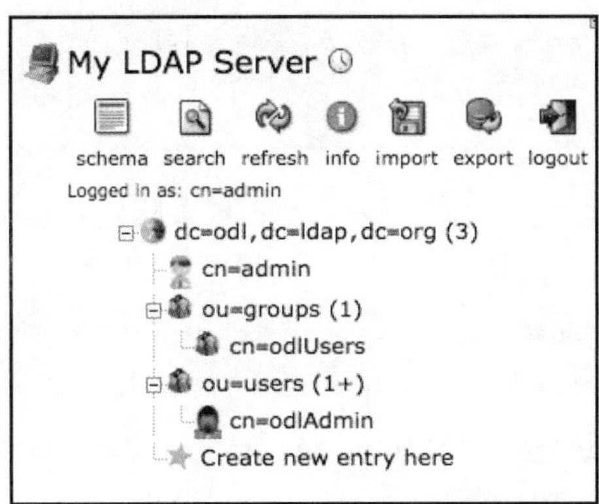

6. 现在是 OpenDaylight 运行和验证在 LDAP 服务器创建的 `odlAdmin` 用户的时候了。在主机中，使用 `karaf` 脚本启动 OpenDaylight 发行版。使用以下脚本可以访问 Karaf CLI：

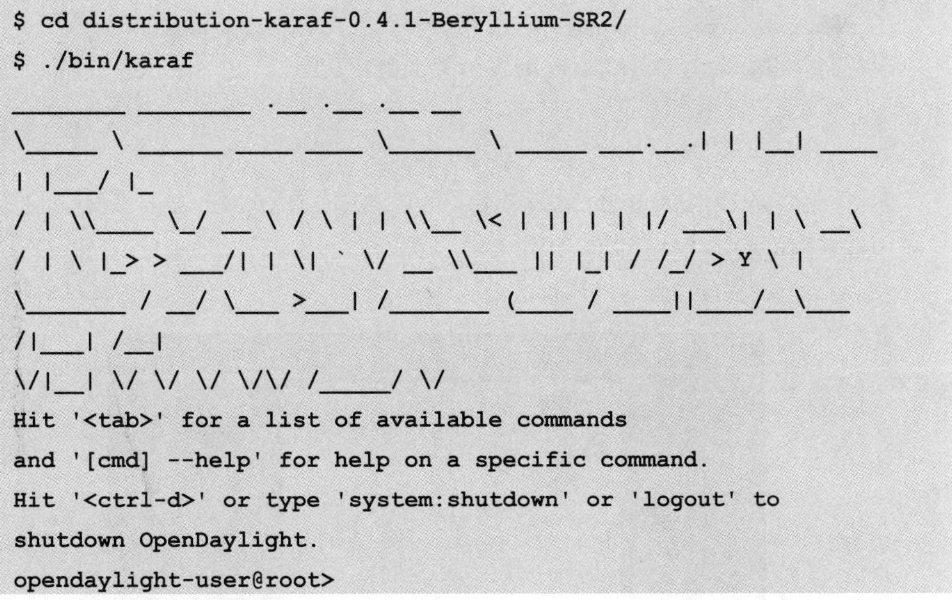

```
$ cd distribution-karaf-0.4.1-Beryllium-SR2/
$ ./bin/karaf
________ ________ .__ .__ .__ __
\_____ \ ______ ____ ____ \______ \ _____ ___.__.| | |__| ____
| |___/ |_
/ | \\____ \_/ __ \ / \ | | \\__ \< | || | | |/ ___\| | \ __\
/ | \ |_> > ___/| | \| ` \/ __ \\___ || |_| / /_/ > Y \ |
\_______ / __/ \___ >___| /_______ (____ / ____||____/__\___
/|___| /__|
\/|__| \/ \/ \/ \/\/ /_____/ \/
Hit '<tab>' for a list of available commands
and '[cmd] --help' for help on a specific command.
Hit '<ctrl-d>' or type 'system:shutdown' or 'logout' to
shutdown OpenDaylight.
opendaylight-user@root>
```

7. 为了测试 LDAP 服务器的身份验证模块，在 OpenDaylight 中安装 `odl-dlux-all`。使用以下命令安装 `odl-dlux-all` 功能：

```
opendaylight-user@root> feature:install odl-dlux-all
```

使用以下命令在 Karaf CLI 中查看 `aaa` 已安装的功能：

```
opendaylight-user@root> feature:list -i | grep aaa
```

应该可以在 Karaf CLI 中看到以下内容：

```
opendaylight-user@root>feature:list -i | grep aaa
odl-aaa-api                | 0.3.2-Beryllium-SR2 | x         | odl-aaa-0.3.2-Beryllium-SR2        | OpenDaylight :: AAA :: APIs

odl-aaa-shiro              | 0.3.2-Beryllium-SR2 | x         | odl-aaa-0.3.2-Beryllium-SR2        | OpenDaylight :: AAA :: Shiro

odl-aaa-authn              | 0.3.2-Beryllium-SR2 | x         | odl-aaa-0.3.2-Beryllium-SR2        | OpenDaylight :: AAA :: Authentication - NO
CLUSTER
```

8．现在更新 OpenDaylight `shiro.ini` 配置文件，使其能连接到 LDAP 服务器，并要求用户进行身份验证。在配置目录下，运行以下命令：

```
$ vi etc/shiro.ini
```

按如下所示更新 `ldapRealm` 和 `securityManager` 部分，然后保存文件：

```
ldapRealm = org.opendaylight.aaa.shiro.realm.ODLJndiLdapRealm
ldapRealm.userDnTemplate =
cn={0},ou=users,dc=odl,dc=ldap,dc=org
ldapRealm.contextFactory.url = ldap://<LDAP_VM_IP_Address>:389
ldapRealm.searchBase = dc=odl,dc=ldap,dc=org
ldapRealm.ldapAttributeForComparison = objectClass
securityManager.realms = $ldapRealm, $tokenAuthRealm
```

现在需要重新启动 OpenDaylight 发行版来更新其配置。在 `karaf` 控制台中运行以下命令：

```
opendaylight-user@root > shutdown -r
```

9．重新启动 OpenDaylight 发行版后，可以测试 LDAP 服务器的身份验证模块。在主机中打开浏览器，并转到以下 URL：

`http://localhost:8181/index.html#/login`。

现在输入在 LDAP 服务器中创建的 `odlAdmin` 用户凭据，应该就能够登录系统了。

工作原理

OpenDaylight 依靠 shiro 框架与 LDAP 服务器通信，并验证 `odlAdmin` 用户。`shiro.ini` 文件中的 LdapRealm 部分包含 OpenDaylight 连接到 LDAP 服务器并要求验证给定用户凭据的基本配置。LdapRealm 的实现机制可以参照 GitHub 上的 `aaa` 项目源代码库理解：

https://github.com/opendaylight/aaa。

根据提供的 `shiro.ini` 配置 `securityManager.realms` 时，OpenDaylight 使用本地数据存储的默认身份验证域，并使用 LdapRealm。要仅使用 LdapRealm，需要将 `securityManager.realms` 更新为仅使用 LdapRealm：

```
securityManager.realms=$ldapRealm
```

OpenDaylight 与 FreeIPA 环境集成

FreeIPA 是另一个身份提供者，使用 LDAP 应用协议来管理 SDN 环境的认证和授权操作。在这部分内容中，我们将学习如何设置 FreeIPA 服务器，定义 SDN 用户、组，通过 FreeIPA 服务器配置 OpenDaylight 来认证用户。

预备安装

对于这部分内容，你需要一个新的 OpenDaylight 发行版，PostMan 作为 REST API 客户端，VirtualBox 设置 Ubuntu 14.04 虚拟机，或 Vagrant（如果使用预定义的 Vagrant 文件）。

操作指南

1. 如果完成了预备安装，可以跳过此步骤，并直接从步骤 4 开始。如果使用预定义的 Vagrant 文件建立环境，首先，如果尚未安装 Vagrant，则需要预先安装它。然后，需要转到文件夹下的 `FreeIPA-VM` 目录。

```
$ cd chapter11-recipe6/FreeIPA-VM/
```

需要更改 Vagrant 文件中的网络接口名称以匹配计算机网络接口。

```
$ vi Vagrantfile
```

更改 `en0`，匹配机器网络接口，并保存文件。然后，启动 VM 安装。

```
$ vagrant up
```

安装时间应该在 5～10 分钟之间，这个时间正好可以喝一杯咖啡。

2. 使用 `vagrant ssh` 命令访问 `FreeIPA-VM`。

```
$ vagrant ssh
```

3. FreeIPA 服务器需要正确设置主机名。在 `FeeIPA-VM` 控制台中运行以下命令：

```
$ sudo vi /etc/hosts
```

确保 hosts 文件包含以下配置：

```
127.0.0.1 localhost.localdomain localhost
<FreeIPA_VM_IP_Address> ipa.example.com ipa
```

使用以下命令设置网络配置：

```
$ sudo vi /etc/sysconfig/network
```

确保它具有以下配置：

```
NETWORKING=yes
HOSTNAME=ipa.example.com
```

4. 配置 FreeIPA 服务器，授权 OpenDaylight 用户。在 `FreeIPA-VM` 控制台中运行以下命令：

```
$ sudo ipa-server-install --setup-dns
```

在配置过程会遇到以下问题：

- 检测到现有的 BIND 配置，覆盖？[否]：是的
- 服务器主机名[`ipa.example.com`]：`ipa.example.com`
- 请确认域名[`example.com`]：`example.com`
- 请提供一个域名称[`EXAMPLE.COM`]：`EXAMPLE.COM`
- 目录管理器密码：`OpenDaylight`
- IPA 管理员密码：`OpenDaylight`
- 是否要配置 DNS 转发器？[是]：否
- 是否要配置反向区域？[是]：否
- 继续使用这些值配置系统？[否]：是的

配置设置需要 5 分钟。

5．创建 OpenDaylight 用户和组，用于验证 SDN 环境用户。使用以下命令在 EXAMPLE 域下登录到 FreeIPA 服务器。

```
$ kinit admin@EXAMPLE.COM
```

输入密码 OpenDaylight，在配置中设置。使用以下命令创建 OpenDaylight 的组和用户：

```
$ ipa group-add odl_users --desc "ODL Users"
$ ipa user-add odlAdmin --first Odl --last Admin --email
odl.admin@example.com --password
$ ipa group-add-member odl_users --user odlAdmin
```

在创建 odlAdmin 用户命令时，FreeIPA 服务器将要求设置用户密码，可以设置为 OpenDaylight。

6．现在是运行 OpenDaylight 和验证我们在 FreeIPA 服务器中创建的 odlAdmin 用户的时候了。在主机中，使用 karaf 脚本启动 OpenDaylight 发行版。使用此脚本访问 Karaf CLI。

```
$ cd distribution-karaf-0.4.1-Beryllium-SR2/
$ ./bin/karaf
________ ________ .__ .__ .__ __
\_____ \ ______ ____ ____ \______ \ _____ ___.__.| | |__| ____
| |___/ |_
/ | \\____ \_/ __ \ / \ | | \\__ \< | || | | |/ ___\| | \ __\
/ | \ |_> > ___/| | \| ` \/ __ \\___ || |_| / /_/ > Y \ |
\_______ / __/ \___ >___| /_______ (____ / ____||____/__\___
/|___| /__|
\/|__| \/ \/ \/ \/\/ /_____/ \/
Hit '<tab>' for a list of available commands
and '[cmd] --help' for help on a specific command.
Hit '<ctrl-d>' or type 'system:shutdown' or 'logout' to
shutdown OpenDaylight.
opendaylight-user@root>
```

7．为了测试 FreeIPA Server 认证，将在 OpenDaylight 中安装 odl-dlux-all 功能。使用以下命令安装 odl-dlux-all 功能：

```
opendaylight-user@root> feature:install odl-dlux-all
```

使用以下命令在 Karaf CLI 中查看 aaa 已安装的功能：

```
opendaylight-user@root> feature:list -i | grep aaa
```

在 Karaf CLI 中可以看到如下内容：

```
opendaylight-user@root>feature:list -i | grep aaa
odl-aaa-api          | 0.3.2-Beryllium-SR2 | x     | odl-aaa-0.3.2-Beryllium-SR2     | OpenDaylight :: AAA :: APIs
odl-aaa-shiro        | 0.3.2-Beryllium-SR2 | x     | odl-aaa-0.3.2-Beryllium-SR2     | OpenDaylight :: AAA :: Shiro
odl-aaa-authn        | 0.3.2-Beryllium-SR2 | x     | odl-aaa-0.3.2-Beryllium-SR2     | OpenDaylight :: AAA :: Authentication - NO
CLUSTER
```

8. 更新 OpenDaylight `shiro.ini` 配置文件连接到 FreeIPA 服务器，会要求用户进行身份验证。在目录下运行以下命令：

```
$ vi etc/shiro.ini
```

按如下所示更新 `ldapRealm` 和 `securityManager` 部分，然后保存文件：

```
ldapRealm = org.opendaylight.aaa.shiro.realm.ODLJndiLdapRealm
ldapRealm.userDnTemplate =
uid={0},cn=users,cn=accounts,dc=example,dc=com
ldapRealm.contextFactory.url =
ldap://<FreeIPA_VM_IP_Address>:389
ldapRealm.searchBase = dc=example,dc=com
ldapRealm.ldapAttributeForComparison = objectClass
securityManager.realms = $ldapRealm, $tokenAuthRealm
```

重新启动 OpenDaylight 发行版，更新其配置。在 `karaf` 控制台中运行以下命令：

```
opendaylight-user@root > shutdown-r
```

9. 在重新启动 OpenDaylight 发行版后，可以测试 FreeIPA 服务器的身份验证功能。在主机中，打开浏览器，并转到以下 URL：

`http://localhost:8181/index.html#/login`。

现在输入我们在 FreeIPA 服务器中创建的 `odlAdmin` 用户凭据，应该就可以正常登录了。

工作原理

在前面的章节中，我们使用的是 `shiro.ini` 文件，这里使用了相同的配置来配置 OpenDaylight，以期 LdapRealm 能够正常连接到 FreeIPA 服务器。

值得注意的是，基于不同的 FreeIPA 服务器用户区分模板，`LdapRealm.userDnTemplate` 配置也有所不同。

读者调查表

尊敬的读者：

自电子工业出版社工业技术分社开展读者调查活动以来，收到来自全国各地众多读者的积极反馈，他们除了褒奖我们所出版图书的优点外，也很客观地指出需要改进的地方。读者对我们工作的支持与关爱，将促进我们为您提供更优秀的图书。您可以填写下表寄给我们（北京市丰台区金家村 288#华信大厦电子工业出版社工业技术分社 邮编：100036），也可以给我们电话，反馈您的建议。我们将从中评出热心读者若干名，赠送我们出版的图书。谢谢您对我们工作的支持！

姓名：________ 性别：□男 □女 年龄：________ 职业：________

电话（手机）：__________________ E-mail：________________________________

传真：_____________________ 通信地址：______________________________

邮编：________________

1．影响您购买同类图书因素（可多选）：

□封面封底 □价格 □内容提要、前言和目录 □书评广告 □出版社名声

□作者名声 □正文内容 □其他________________________

2．您对本图书的满意度：

从技术角度 □很满意 □比较满意 □一般 □较不满意 □不满意

从文字角度 □很满意 □比较满意 □一般 □较不满意 □不满意

从排版、封面设计角度 □很满意 □比较满意 □一般 □较不满意 □不满意

3．您选购了我们哪些图书？主要用途？

____

4．您最喜欢我们出版的哪本图书？请说明理由。

____

5．目前教学您使用的是哪本教材？（请说明书名、作者、出版年、定价、出版社），有何优缺点？

____

6．您的相关专业领域中所涉及的新专业、新技术包括：

____

7．您感兴趣或希望增加的图书选题有：

____

8．您所教课程主要参考书？请说明书名、作者、出版年、定价、出版社。

____

邮寄地址：北京市丰台区金家村 288#华信大厦电子工业出版社工业技术分社 邮编：100036

电 话：010-88254479 E-mail：lzhmails@phei.com.cn 微信 ID：lzhairs

联 系 人：刘志红

电子工业出版社编著书籍推荐表

姓名		性别		出生年月		职称/职务	
单位							
专业				E-mail			
通信地址							
联系电话				研究方向及教学科目			
个人简历（毕业院校、专业、从事过的以及正在从事的项目、发表过的论文）							
您近期的写作计划： 您推荐的国外原版图书： 您认为目前市场上最缺乏的图书及类型：							

邮寄地址：北京市丰台区金家村 288#华信大厦电子工业出版社工业技术分社　邮编：100036

电　　话：010-88254479　E-mail：lzhmails@phei.com.cn　　微信 ID：lzhairs

联 系 人：刘志红

反侵权盗版声明

举报电话：（010）88254396；（010）88258888

传　　真：（010）88254397

E-mail:　dbqq@phei.com.cn

通信地址：北京市万寿路 173 信箱

　　　　　电子工业出版社总编办公室

邮　　编：100036